N° 8 B 33e ANNÉE

BULLETIN ÉCONOMIQUE
DE L'INDOCHINE

INSPECTION GÉNÉRALE DE L'AGRICULTURE
DE L'ÉLEVAGE ET DES FORÊTS

COMPTE RENDU DES TRAVAUX
1928-1929

VI. — ÉTUDE DES PRINCIPAUX BOIS D'INDOCHINE

HANOI

1930

N° 8 B 33e ANNÉE

BULLETIN ÉCONOMIQUE DE L'INDOCHINE

TURE

ERRATA

VAUX

Page 29, premier alinéa du texte, 5e ligne :

Au lieu de : $\frac{\quad}{D^2} = 1$.

Lire : $\frac{K}{D^2} = 1$.

BOIS

Page 78, 6e ligne :

Au lieu de : Sindora cochinchinensis ; *H. Baill* ; *A. Chevalier*.

Lire : Sindora cochinchinensis, *H. Baill*; Sindora tonkinensis, *A. Chevalier*.

iine ;

êts.

Page 152, 6e ligne :

Au lieu de : DLALIUM,

Lire : DIALIUM.

HANOI

—

1930

N° 8 B 33e ANNÉE

BULLETIN ÉCONOMIQUE
DE L'INDOCHINE

INSPECTION GÉNÉRALE DE L'AGRICULTURE
DE L'ÉLEVAGE ET DES FORÊTS

COMPTE RENDU DES TRAVAUX

1928-1929

VI. — ÉTUDE DES PRINCIPAUX BOIS D'INDOCHINE

PAR

E. FORBÉ, *Inspecteur des Forêts d'Indochine ;*
F. TROJANI, *Ingénieur des Eaux et Forêts.*

HANOI

—

1930

SOMMAIRE

TABLE ALPHABÉTIQUE DES ESSENCES

NUMÉROS	NOM DE L'ESSENCE	AVEC FICHE TECHNOLOGIQUE	PAGE	OBSERVATIONS
1	Bằng-lang	oui	33	
2	Bồ-đề	non	37	
3	Bôi-lôi	non	39	
4	Ca-chắc	oui	41	
5	Cẩm-lai	oui	44	
6	Cẩm-thị	oui	48	
7	Cẩm-xe	oui	53	
8	Ca-ồi.	non	57	
9	Chám	non	59	
10	Chẹo.	non	61	
11	Dàng-hương	oui	63	
12	Dầu	oui	66	
13	Gié	oui	69	
14	Giổi	oui	72	
15	Gội	oui	75	
16	Gụ	oui	78	
17	Ho-bi	oui	81	
18	Hoàng-linh	oui	84	
19	Huỳnh	oui	87	
20	Kiền-kiền	non	90	
21	Lát	non	92	
22	Lau-táu	non	94	
23	Lim	oui	95	
24	Mỡ-vàng-tâm	oui	98	
25	Muồng	non	101	
26	Nghiến	non	103	
27	Phay.	non	104	
28	Ràng-ràng	non	106	
29	Rè	non	108	
30	Sang-dào	non	110	
31	Sao	oui	112	
32	Sến	non	115	
33	Sơn	oui	117	
34	Tán . . .	non	120	
35	Teck.	oui	122	
36	Thị	oui	50	
37	Trắc	oui	124	
38	Trai-lý	non	127	
39	Tram.	non	129	
40	Trò	oui	131	
41	Vang.	non	134	
42	Vắp	oui	136	
43	Vên-vên.	oui	139	
44	Xên	oui	142	
45	Xoan. . .	oui	145	
46	Xoay.	oui	152	

ÉTUDE DES PRINCIPAUX BOIS D'INDOCHINE

E. Forbé, *Inspecteur des forêts d'Indochine ;*

F. Trojani, *Ingénieur des E. et F.*

PRÉAMBULE

Au point de vue systématique, la Flore indochinoise est suffisamment connue du Forestier. Cette base indispensable étant acquise, il devient nécessaire de porter nos efforts sur la connaissance des conditions écologiques qui influent sur le développement de nos essences forestières et des caractéristiques technologiques et économiques qui indiqueront les meilleures façons d'utiliser nos produits forestiers.

C'est un premier essai de ce genre qui vous est présenté :

Quarante essences, retenues parmi celles les plus fréquentes sur les marchés, sont étudiées tant au point de vue des conditions de station dans lesquelles elles vivent, de leur tempérament, de leurs allures forestières, de leur mode de propagation, qu'au point de vue technologique : caractéristiques physiques et mécaniques, emplois usuels pour certaines d'entre elles, usages courants seulement pour les autres.

Les caractéristiques physiques et mécaniques indiquées ont été déterminées par une méthode qui avait déjà été adoptée par différents pays et qu'un Congrès récent a rendu internationale ; c'est pourquoi nous avons cru bon de faire précéder cette étude d'un court résumé de la méthode du Commandant Monnin, auquel nous avons joint quelques commentaires explicatifs.

Le premier fascicule comprend aussi un essai de classification des bois d'Indochine suivant leurs usages. Nous avons classé en premier lieu dans chaque groupe les bois dont les caractéristiques technologiques indiquent ou justifient les emplois ; dans le deuxième paragraphe sont groupés les bois pour lesquels aucun essai n'a été fait et dont l'emploi ne se justifie que par la tradition et la routine des ouvriers indigènes.

Le deuxième fascicule contient le répertoire alphabétique des essences forestières de l'Indochine. Il contient tous les noms vernaculaires des essences actuellement connues et s'il y en a plusieurs pour une même essence, il mentionne celui qui a été adopté comme nom indochinois et qui sera en somme le nom officiel ou plutôt commercial du bois.

En même temps que ces deux fascicules, paraîtra la carte forestière de l'Indochine. Cette première tentative pour délimiter le domaine forestier, contient évidemment bien des erreurs de détails, mais nous espérons qu'elle servira de base à un travail de longue haleine plus précis et plus détaillé, ainsi qu'à faciliter l'inventaire de nos ressources forestières.

Principes de la Méthode MONNIN pour la classification des bois en vue d'un emploi déterminé (1)

INTRODUCTION

La méthode de M. Monnin qui est appliquée pour l'étude des bois au Service Technique de l'Aéronautique se propose de chiffrer, dans les conditions identiques et bien définies, les qualités des bois.

Chaque employeur met en œuvre des caractéristiques indépendantes, et la qualité d'un bois ne pourra être appréciée qu'en vue d'un emploi bien déterminé, pour lequel sont requises une caractéristique primordiale et d'autres moins importantes. C'est seulement lorsqu'il aura dégagé ces caractéristiques, qui ont été chiffrées et situées dans une échelle de qualification, que l'employeur jugera d'un bois pour l'emploi spécial à lui donner.

Examinons successivement les différentes qualités que l'on peut exiger d'un bois.

I. — LES QUALITES ESTHETIQUES

Beauté, couleur, veines, dessins, débit, disposition normale ou singulière des éléments constitutifs, sont les caractéristiques essentielles pour l'emploi dans la marqueterie, l'ébénisterie, la menuiserie intérieure.

II. — LES QUALITES CHIMIQUES

Ce sont les qualités relatives à certains emplois chimiques : pâte à papier, macération, distillation, carbonisation et fermentation. S'y rattachent en outre :

a) La *durabilité physique* qui prime toutes les autres qualités pour l'emploi des bois dans les constructions au contact du sol et qui tient :

1° A la présence dans le bois de matières antiseptiques naurelles ou artificielles (tanin, oléo-résines, créosote).

(1) Le texte de cette note est formé d'extraits du rapport présenté par M. Monnin au Congrès forestier international (20-30 juillet 1925).

2° A l'absence de matières nutritives pour les insectes xylophages (vermoulures, piqûres), et pour les champignons (échauffures, pourritures).

Ces matières (amidons, sucres) sont généralement localisées dans l'aubier. L'équarrissage des grumes, les traitements qui privent l'aubier de ces matières (immersion, annellation de l'écorce) la rapidité dans la dessiccation du bois (saison d'abatage) sont donc indiqués.

b) La *durabilité mécanique*, ou persistance avec le temps des propriétés mécaniques paraît être pratiquement indéfinie pour les bois bien stockés.

La durabilité est la caractéristique primordiale qu'on exige pour l'emploi dans les constructions au sol : poteaux, bois de mine, traverses de chemin de fer, clôture, échafaudages, cuvelages, etc....

III. — LES QUALITES PHYSIQUES

1° Humidité. — L'humidité d'un bois, et celle du milieu ambiant tendent constamment vers un état d'équilibre qui s'établit avec d'autant plus de retard que le bois est plus anciennement coupé. Les bois vieillis ne réagissent donc plus guère sous les changements incessants de l'hygrométrie ambiante.

Le point de saturation de la fibre est la teneur en eau à laquelle s'équilibre le bois sec à l'air en présence de vapeur d'eau saturante. C'est le moment où la paroi des cellules ligneuses est saturée d'eau sans que l'intérieur des dites cellules contiennent d'eau libre. Selon les climats, le bois sec à l'air a des teneurs en eau différentes, et les mesures doivent, pour être comparables, être prises à 15 % d'humidité, dite humidité normale en France, et cela vu l'influence de cette teneur en eau sur le volume, le poids spécifique et les propriétés physiques des bois.

2° Rétractibilité. — Tout bois sec à l'air, augmentant sa teneur en eau, se gonfle ; la diminuant, il se rétracte. La rétractibilité du bois sous l'influence des variations de son humidité, est une propriété capitale pour l'emploi des bois, notamment en vue de la menuiserie. Mais la rétractibilité n'est proportionnelle à la variation d'humidité du bois qu'entre les teneurs de 0 % et du point de saturation (30 % en moyenne) ; en dehors de ces limites le bois ne change plus de volume.

La rétractibilité du bois sec à l'air est pratiquement nulle en sens axial, c'est-à-dire suivant la longueur de l'arbre, tandis que le coefficient de rétractibilité (ou variation de l'unité de longueur pour une variation de 1 % d'humidité) est, selon les essences de 1,5 à 3 fois plus grand en sens tangentiel (sens de la tangente aux couches annuelles de l'arbre) qu'en sens radial (sens d'un diamètre de l'arbre).

Ces retraits inégaux expliquent, combinés avec les irrégularités dans la dessiccation, les fentes rayonnantes sur les grumes, et les déformations propres aux divers débits, celui dit sur mailles, ou sur quartier, étant le meilleur.

CARACTÉRISTIQUES CHIFFRÉES

a) Rétractibilité volumétrique « B » ou pourcentage de la variation du volume, le bois passe de l'état anhydre à l'état de saturation à l'air. Ce chiffre mesure l'aptitude des bois en grume à présenter des fentes de retrait par dessiccation.

Tableau I

CLASSES	CATÉGORIES	RÉTRACTIBILITÉ totale B	TYPES DE COMPARAISONS
III	Fort retrait	20 à 15 %	Grumes à grandes fentes de dessication à débiter rapidement (sciage, fente) : charme, frêne, etc...
II	Moyen retrait	15 à 10 %	Grumes à moyennes fentes pouvant être conservées en bois ronds de mines, poteaux, échafauds ; résineux, robinier, etc...
I	Faible retrait	10 à 5 %	Grumes à petites fentes pouvant être desséchées et aptes au déroulage, modelages : acajou, noyer, peuplier, etc...

b) Coefficient de rétractibilité volumétrique « V » ou pourcentage de la variation du volume pour une variation d'une unité dans le pourcentage d'humidité du bois sec à l'air. Il mesure l'aptitude du bois non débité sur mailles à travailler sous l'influence des variations hygrométriques continuelles du milieu ambiant.

TABLEAU II

CLASSES	CATÉGORIES	COEFFICIENT de rétractibilité	TYPES DE COMPARAISONS
III	Bois très nerveux.	1 à 0.75	Bois généralement inaptes à tout emploi, sauf dans un milieu d'humidité constante : certains hêtres, eucalyptus, etc...
		0.75 à 0.55	Bois à débiter sur mailles : chêne dur, charme, robinier, etc...
II	Bois moyennement nerveux.	0.55 à 0.35	Bois de service et de construction.
I	Bois peu nerveux.	0.35 à 0.15	Bois de menuiserie, ébénisterie, tournerie : noyer foncé, chêne, frêne et hêtre tendre. Bois blanc y compris les bois résineux.

c) *Point de saturation à l'air* « S » en pourcentage d'humidité au-dessus duquel le bois renferme de l'eau libre, et ne varie plus ni dans son volume, ni dans ses résistances mécaniques. Il faut rechercher pour la plupart des emplois les points de saturation élevés (50 %) sauf pour les constructions hydrauliques ou au contact du sol, qui sont exposées à l'humidité.

3° POIDS SPÉCIFIQUE OU DENSITÉ. — Cette caractéristique physique doit être étudiée avec les propriétés mécaniques des bois, sur lesquelles elle influe directement.

Hygroscopicité à l'air. C'est la correction à faire au poids spécifique du bois sec à l'air lorsqu'il présente 1 % d'eau en plus ou en moins, ceci en dessous du point de saturation.

Dans cette limite, quand le bois absorbe 1 % d'eau rapporté à son poids anhydre, son poids spécifique n'augmente pas de 1 %, car son volume s'est augmenté.

IV. — LES QUALITES TECHNOLOGIQUES

1° STRUCTURE. — Le grain est une expression fort utilisée pour décrire un bois, ou apprécier sa qualité. Il convient de distinguer :

A. — Les bois à structure hétérogène (c'est-à-dire à zones alternées de bois de printemps et d'été, à couches annuelles bien apparentes) chez qui on peut définir à la fois :

a) Un (grain) ou épaisseur de la couche annuelle ;

b) Une (texture) ou pourcentage de la zone dure rapportée à l'épaisseur totale de la couche ou (grain).

B. — Les bois à structure homogène (c'est-à-dire à accroissements annuels peu visibles où l'on ne définit qu'un grain dépendant seulement de la grosseur des pores. Tels sont en général les bois coloniaux.

2° Noeuds, tares et défauts. — Ils constituent parfois des qualités esthétiques. Pour la construction, la menuiserie, les bois doivent être de qualité marchande, c'est-à-dire sans trop de nœuds, sains, expurgés d'aubier, sans tares ni défauts.

3° Facultés d'usinage. — Le bois doit la grande diversité de ses emplois à la faculté de son usinage.

Suivant l'emploi, ses qualités seront : facilité de sciage, rabotage, fente, collage, mortaisage, vernissage, ou quelquefois résistance à la fente, résistance et régularité à l'usure, commodité de la mise en place, puis résistance à l'arrachement des clous et tire-fonds, etc...

MM. Petitpas et Bertin recherchent actuellement les angles d'attaque, la nature des aciers, la vitesse des machines outils, les formes des fers et contreforts les plus convenables pour l'usinage des bois coloniaux

V. — LES QUALITES MECANIQUES

A. — Généralités

1° *Prélèvement pour les essais*. — Pour être comparables, les essais doivent être effectués de façon identique sur les échantillons analogues, identiquement prélevés : il convient donc de suivre les règles ci-après :

Les éprouvettes règlementaires d'essais, de 2 centimètres de côté et 30 centimètres de long sont taillées dans une planche comprenant l'axe de l'arbre et un rayon, du centre à l'aubier. On les numérote de l'aubier vers le cœur.

La publication des résultats des essais sur chaque éprouvette serait trop volumineuse, on a donc été amené à calculer les moyennes, ce qui n'est possible, nous le verrons à propos de la densité, que par l'emploi de « *côtes* ».

2° *État physique. Humidité.* — Les bois sont essayés à l'état sec à l'air. Pour les modes de sollicitation où les variations d'humidité influent fortement, on détermine :

a) L'humidité (H) de chaque éprouvette, qui varie d'un point à un autre d'une même planche.

b) La correction à faire pour 1 % d'humidité, appelée aussi tenue à l'humidité. On applique alors cette correction à l'écart H-15 pour obtenir la valeur de l'essai à 15 % d'humidité.

3° *Nœuds et défauts.* — Les éprouvettes ne doivent comporter ni nœuds, ni défauts, ni fibres tranchées en quantité notable.

B. — Premier ordre de critères généraux densité et dureté

Densité (D à 15 % d'humidité). — Elle peut varier du simple au double, dans une même planche, suivant le point de prélèvement. Or l'expérience, comme le raisonnement, montre que c'est le poids spécifique (ou densité) qui règle les résistances mécaniques du bois en intervenant pour une essence donnée, soit pour sa valeur, soit pour le carré de sa valeur, selon le genre d'effort que subit le bois.

On distinguera dès lors pour chaque sollicitation mécanique les :

a) Valeurs absolues des résistances. Ce sont des chiffres qui varient largement et qui n'ont par eux-mêmes aucune signification.

b) Valeurs relatives ou côtes de qualité. Les valeurs absolues ont été rapportées à la densité (100 fois la densité pour éviter les décimales) ou au carré de la densité. Dans ces conditions, on obtient des chiffres à peu près constants, ou plus exactement sans variations systématiques, permettant le calcul des moyennes.

c) Autres côtes. Ce sont celles définies plus loin, où n'entre pas la densité.

Dureté (N). — C'est la caractéristique qui intervient en premier lieu dans la classification commerciale des bois, et qui peut souvent, dans la pratique, être considérée comme proportionnelle à la densité. Le bois le plus dur et le plus résistant est, en général le plus lourd, mais le meilleur bois sera celui qui à égalité de densité fournira les côtes les plus élevées pour le mode de sollicitation principal auquel il sera soumis.

La dureté dite de Chalais-Meudon comporte :

a) Valeurs absolues « N » définies par l'inverse de la flèche de pénétration évaluée en millimètres, dans la face sur maille du bois sec à l'air, de la génératrice d'un cylindre d'acier de 3 centimètres de diamètre sous la pression de 100 kgs par centimètre de largeur de l'éprouvette. C'est donc encore, le coefficient angulaire de la droite figurant la proportionnalité entre la flèche de pénétration dans un centimètre de largeur de la face sur mailles, et la charge nécessaire à cette pénétration (Tableau III) ;

b) Les côtes de dureté N/D2 ou rapport des valeurs absolues « N » au carré de la densité. Cette côte paraît généralement constante pour les diverses éprouvettes d'un même échantillon.

Tableau III

CLASSES	CATÉGORIES	DENSITÉ D	DURETÉ N	TYPE DE COMPARAISON
		Bois feuillus.		
V	Très légers.	0.20 à 0.50	Très tendre 0.2 à 1.5	Peupliers ordinaires.
IV	Légers.	0.50 à 0.65	Tendres 1.5 à 3	Tilleul, Grisard, Bouleau, Chêne gras, Hêtre fin, Frêne, Menuiserie.
III	Mi-lourds.	0.65 à 0.80	Mi-durs 3 à 6	Chêne, Hêtre et Frêne nerveux Fruitiers.
II	Lourds.	0.80 à 0.95	Durs 6 à 9	Bois.
I	Très lourds	0.95 à 1.20	Très durs 9 à 20	Type exotique. Bois de fer.
		Bois résineux.		
IV	Légers.	0.40 à 0.50	Tendres 1 à 2	Sapin, Epicea, Pin à crochets
III	Mi-lourds.	0.50 à 0.60	Mi-durs 2 à 4	Pin sylvestre., Pin maritime Mélèze.
II	Lourds.	0.60 à 0.70	Durs 4 à 9	Pitchpin, If, Pin laticio, Thuya

C. — Deuxième ordre de critères généraux

Compression axiale (à 15 % d'humidité) :

a) *Valeurs absolues* « C ». — On les obtient en comprimant progressivement, selon l'axe de l'arbre, des éprouvettes de dimensions linéaires peu différentes (c'est-à-dire de forme presque cubique).

La résistance C, ou résistance par centimètre carré à la rupture par compression, sera la charge maximum atteinte par centimètre carré de surface de la section droite.

Sur les pièces longues, le flambage ou courbure de l'axe, se produit avant la rupture par compression, et abaisse la valeur des résistances d'autant plus vite que les pièces sont plus longues. Ce chiffre se rattache d'ailleurs au précédent.

b) *Tenue à l'humidité* « c ». — Par définition c'est le facteur de correction vis-à-vis de la compression pour une variation de 1 % d'humidité. Ce facteur c se déduit expérimentalement.

c) *Côtes spécifiques* C/100-D2. — C'est le facteur le plus stable pour caractériser les essences au point de vue de la compression et qui permet de les classer en vue de certains usages (Tableau IV).

d) *Côtes statiques de compression* C/100-D. — Cette côte établie pour divers échantillons d'une même essence est assez variable : la résistance C et la densité D n'augmentant pas de façon proportionnelle.

Tableau IV

Classes	Catégories	Côtes spécifiques C/100 D 2
V	Feuillus durs et très durs	Moins de 9
IV	— mi-durs (dits durs pour bois français).	9 à 12,5
III	— tendres et résineux lourds	12,5 à 15
II	— tendres et résineux mi-lourds et acajous.	15 à 17,5
I	— tendres, résineux légers	17,5 à 20 et plus

Cette côte conduira donc à l'élimination d'échantillon d'une essence donnée, élimination faite en dessous d'une valeur donnée (arbitrairement fixée pour chaque emploi de la côte statique C/100-D. Dans une même essence possédant une côte spécifique satisfaisante et présentant en général toutes les qualités requises pour un emploi donné, quelques lots inférieurs sont révélés et éliminés par une côte statique trop faible. Pratiquement on fera les éliminations par pesées, la densité exigée D étant au moins égale à la valeur du rapport :

$$\frac{\text{Côte statique exigée}}{\text{Côte spécifique de l'essence}} = D$$

TABLEAU V

BOIS RÉSINEUX					
CLASSES	CATÉGORIES	RÉSISTANCE C	COTE STATIQUE		
			Tendre	Mi-lourds	Lourds
III	Inférieure ..	250 à 350 kg	< 8	< 7	< 6
II	Moyenne	350 à 450 —	8 à 9,5	7 à 8,5	6 à 7,5
I	Supérieure .	450 à 600	> 9,5	> 8,5	> 7,5

BOIS FEUILLUS

CLASSES	CATÉGORIES	Tendres et acajous	Mi-durs Durs français	Durs (exotiques)	Très durs (exotiques)
III	Inférieure ..	200-300 kg < 7	275-375 kg < 6	400-600 kg < 6	500-600 kg < 7
II	Moyenne	300-400 7 à 8	375-475 6 à 7	500-700 6 à 7	600-800 7 à 8
I	Supérieure .	400-600 > 8	475-600 > 7	400-800 > 7	800-1000 > 8

FLEXION TRANSVERSALE (à l'état sec à l'air) :

a) *Valeurs absolues F.* — L'éprouvette d'essai repose sur deux appuis et est soumise à une charge au milieu de la distance entre appuis. La résistance par centimètre carré à la rupture par flexion (appelée aussi résistance unitaire, ou tension maximum de la fibre la plus fatiguée) est donnée par la formule générale de la flexion : F = M/I/V dans laquelle (1) : M est le moment fléchissant maximum, I/V est le module de résistance de la section la plus fatiguée dans lequel on aura remplacé l'exposant 2 de la hauteur fléchie h2, exprimée en centimètres, par un

1. Voir à ce sujet les traités de mécanique.

exposant réduit à une valeur n, dit exposant de forme, comme on le verra ci-dessous, et qui est pris en moyenne égal à 10/6 pour les bois sans défauts.

Les conditions expérimentales, pour obtenir un chiffre F constant pour un même échantillon de bois sont :

1° Portée L d'au moins 12 fois la hauteur fléchie h : $L \geqq 12\ h$;

2° Arrondi de l'appui et des couteaux d'au moins 3 centimètres de diamètre ;

3° Réduction exponentielle de l'épaisseur h, dépendant de la quantité, de l'importance, et de la situation des nœuds et défauts, comme l'indique le tableau ci-après :

Tableau VI

Classes	Catégories	Exposant de forme N	Observations
III	Troisième choix	1,33 à 1,50 (8/6 à 9/6).	Bois à gros nœuds, peu adhérents.
II	Deuxième choix	1,50 à 1,67 (9/6 à 10/6).	Bois à petits nœuds ou nœuds moyens, loin des fibres travaillantes.
I	Premier choix	1,67 à 1,83 (10/6 à 11/6).	Bois sans défauts.

Les ingénieurs et architectes pourront utiliser les valeurs de F pour leurs calculs de résistance comme s'il s'agissait d'autres matériaux en utilisant les coefficients de sécurité et les exposants de formes convenables. Quelle que soit la forme de la section (pleine ou évidée) dont ils calculeront le module par les procédés mathématiques habituels, ils devront réduire ce module dans les proportions ci-après :

1er choix : h 10/6 = h2/h1/3 ; 2e, h 9/6 = h2/h1/2 ; 3e h 8/6 = h2/h2/3.

Ils auront intérêt à utiliser les pièces d'épaisseur $h \leqq L/12$ (le douzième de la portée) quand celà sera possible, condition optimum pour les pièces travaillantes. Les chiffres F sont applicables à la résistance à la rupture par traction axiale.

b) *Côtes statiques de flexion* F 100-D. Elles sont constantes, ou sans variations systématiques, pour les échantillons d'une même planche

TABLEAU VII

CLASSES	CATÉGORIES	CÔTE DE FLEXION F : 100 D	TYPE DE COMPARAISON
III	Faible ...	10 à 15	Bois inaptes à la charpente.
II	Moyenne .	15 à 20	Bois peu aptes à la charpente.
I	Forte	20 à 25	Bois de charpente. Type : sapin.

c) *Côte de tenacité* F C ou rapport des deux résistances par centimètre carré à la flexion et à la compression.

CLASSES	CATÉGORIES	CÔTE DE TENACITÉ F : C
III	Peu tenaces	2
II	Moyennement tenaces	2 à 3
I	Très tenaces	3 à 4

d) *Côte de raideur* L f ou *raideur des bois*.

C'est le rapport entre la portée L = 12 h, et la flèche f (tous deux en centimètres) que prend la pièce au moment de sa rupture quand le bois est sec à l'air. L'humidité diminue la raideur, les nœuds l'augmentent.

TABLEAU IX

CLASSES	CATÉGORIES	CÔTE DE RAIDEUR $\frac{L}{f}$	TYPE DE COMPARAISON
III	Bois raides	50 à 40	Bois français échauffés ou noueux.
II	Bois moyens	40 à 30	Bois de charpente : résineux.
I	Bois élastiques ...	30 à 20	Bois de travail (charronnage et cintrage).

D. — Troisième ordre de critères généraux

Résilience.

Résilience, ou résistance au choc transversal. — La résilience est en outre de son application aux bois qui ne périssent guère que par choc, — la sommation pratique des divers facteurs de résistances précédemment mentionnés.

a) *Valeurs absolues* k. — Soit une éprouvette d'équarrissage b × h posée sur deux appuis arrondis et soumise au milieu de sa portée, par l'intermédiaire d'un couteau également arrondi, à un effort dynamique appliqué tangentiellement aux couches annuelles. Les essais inédits de M. Monnin ont montré que la résilience totale W kilogrammètres (c'est-à-dire le travail nécessaire pour rompre complètement la barrette) est proportionnelle :

1° A la dimension de base b qui reçoit l'empreinte des appuis et du couteau ;

2° A la puissance 10/6 de l'épaisseur h qui subit la flexion ;

3° A un coefficient k appelé coefficient de résilience, ou résistance unitaire minimum au choc, constant ou sans variations systématiques pour un même échantillon :

$$W = k \times b \times h^{10/6}$$

Ce coefficient exprime la caractéristique primordiale des bois destinés à des emplois mobiles et qui peuvent être soumis à des chocs divers.

b) *Côtes dynamiques* k/D².

Le rapport du coefficient de résilience au carré de la densité est sensiblement constant pour les éprouvettes tirées d'une même planche. Cette côte dynamique mesurera par suite l'aptitude d'une essence à encaisser des chocs, même lorsque ceux-ci ne sont pas poussés jusqu'à la rupture (vibrations).

TABLEAU X

CLASSES	CATÉGORIES	COTE DYNAMIQUE	TYPE DE COMPARAISON
III	Cassants	0,2 à 0,8	Bois inaptes aux emplois mobiles.
II	Moyens	0,8 à 1,2	Bois d'emploi soumis aux chocs et vibrations (wagons, traverses, pavés, carrosserie, caisserie, merrains, bois de travail, roues, etc...
I	Résilients	1,2 à 2	— avions, manches d'outils, etc...).

Par suite, on comprend que les bois lourds, à forte côte dynamique, sont avantageux pour les usages où de faibles sections droites sont requises ; mais s'il en est autrement, les bois légers de mêmes côtes sont préférables. En effet, on peut à égalité de poids des pièces donner à ces bois légers de plus forts équarrissages et par suite obtenir des résistances supérieures.

E. — QUATRIÈME ORDRE DE CRITÈRES GÉNÉRAUX

Cohésion transversale : Fente et Traction perpendiculaire.

Le bois, nous l'avons vu par les sollicitations précédentes s'appliquant au sens axial, est rigide et résistant suivant la longueur de l'arbre, mais il est plastique et peu résistant dans le sens perpendiculaire au premier (appelé sens transversal, ou flanc).

Les sollicitations du sens transversal sont figurées par les essais de traction perpendiculairement à l'axe, de fendage, de cisaillement longitudinal, de pénétration.

La résistance à la pénétration n'est autre que la dureté en flanc, déjà notée, les autres sollicitations intéressantes que nous mentionnerons sont :

Traction perpendiculaire

a) Valeurs absolues. — La résistance à la traction par centimètre carré est le quotient par sa section droite (exprimée en centimètres carrés) de la résistance totale à la rupture par traction perpendiculaire d'une éprouvette de forme étudiée.

b) Cote d'adhérence. — Le rapport des valeurs absolues définies plus haut à 100 fois la densité permet seul le calcul des moyennes et la classification des essences.

TABLEAU XI

CLASSES	CATÉGORIES	COTE DE TRACTION perpendiculaire	TYPE DE COMPARAISON
III	Peu adhérents.	0.15 à 0.30	Bois de fente (tous les résineux, chêne à fil droit).
II	Moyt adhérents.	0.30 à 0.45	
I	Très adhérents.	0.45 à 0.60	Bois de travail : hélice, moyeux, caisserie, crosse de fusil, saboterie (charme, noyer, hêtre, orme tortillard, peuplier).

Fendage.

a) Valeurs absolues. — Ce sont les résistances au fendage par centimètre de largeur d'éprouvettes dont la forme est définie conventionnellement.

b) Cotes de fissilité, ou rapport des valeurs absolues à 100 fois la densité. Cette cote mesure la qualité des bois en vue de la fente (merrains). Les bois à fibres rectilignes sont fissiles. La fibre ondulée, le contre-fil, sont recherchés contre la fente.

Tandis que la cote d'adhérence caractérise assez peu les échantillons d'une même essence, la cote de fendage est très sensible aux divers états du bois et aux points de prélèvement dans un même arbre.

TABLEAU XII

CLASSES	CATÉGORIES	COTE DE FENDAGE	TYPE DE COMPARAISON
III	Très fissiles.	0.10 à 0.20	Bois de fente (tous les résineux chêne à fil droit).
II	Moyt fissiles.	0.20 à 0.30	
I	Peu fissiles.	0.30 à 0.40	Bois de travail, hélices, moyeux caisserie, crosses de fusil, saboteries, etc (charme, noyer, hêtre, orme tortillard, peuplier)

AVANT PROPOS

La méthode d'essais précédemment décrite donne des résultats qu'il s'agit d'interpréter au point de vue pratique.

D'après leurs emplois et les caractéristiques correspondantes, les bois ont été classés (1) en trois grandes catégories :

1° Bois non soumis a des efforts mécaniques. — Menuiserie, cloisons, aménagements, ébénisterie, marquetterie, meubles etc... les qualités mécaniques n'importent pas. Il faut qualifier le bois physiquement par ses facilités de travail, ses qualités esthétiques, (éclat, couleur, aspect) et sa rétractibilité (retrait, gonflement, voilement, gondolement.

Cette catégorie correspond à la catégorie des Bois de sciage de la classification courante.

2° Bois soumis a des efforts statiques ou charges lentes. — Charpente, poteaux, bois de mine, pilotis etc... Il faut qualifier le bois statiquement et considérer soit les valeurs absolues quand le poids importe peu (construction au sol) ; en revanche on exigera la durabilité — soit les valeurs relatives au poids ou cotes quand le poids est à considérer (charpente).

Cette catégorie correspond à la catégorie des Bois de service et de construction.

3° Bois soumis a des efforts dynamiques ou charges instantanées. — Avion, caisserie, saboterie, carrosserie, wagons traverses, meubles mobiles et en général tous les emplois si variés du bois qui en général ne périt que par choc. Il faut alors qualifier le bois dynamiquement.

Cette catégorie correspond à celle des Bois de travail.

LES QUALITES PHYSIQUES

Retrait et gonflement. — Dans la méthode l'importance du retrait est mesurée par les pourcentages de l'écart total entre les dimensions à l'état anhydre et à l'état de saturation à l'air. Mais cette mesure ne renseigne pas sur la marche du retrait dont la rapidité varie suivant que le bois a un point de saturation plus ou moins élevé.

(1) Classification donnée par Monsieur Monnin.

Ce qu'il est intéressant de connaître pour l'emploi ce sont les variations du retrait pour les teneurs en eau voisines de celles que le bois doit avoir dans son emploi normal.

C'est la variation du retrait pour chaque 1 % d'humidité, qui a été nommé *coefficient de rétractibilité*. La considération de ce coefficient entraîne un certain nombre de conséquences techniques :

Choix d'un bois. — Pour un usage soigné, menuiserie fine, ébénisterie, on choisira un bois à coefficient de rétractibilité faible, c'est-à-dire un bois qui ne « travaille pas », ce qui correspond au coefficient 0,15 à 0,35 dans l'échelle donnée.

Choix du débit. — Les bois nerveux devront être débités sur mailles (ou sur quartier) pour que la planche ne se voile pas sous l'influence de l'inégalité de retrait des différentes couches du bois.

Choix du sens d'emploi du bois. — Le retrait axial étant peu sensible, c'est dans le sens des fibres qu'on emploie les bois quand on veut les ajuster ; c'est le système du cadre et du panneau de remplissage en menuiserie, et du croisement des sens des fibres dans les contreplaqués.

Choix du finissage. — Le mode de finissage (polissage, vernissage, laquage etc...) devant mettre le bois à l'abri des variations hygrométriques du milieu ambiant sera plus ou moins parfait suivant qu'il s'opposera plus ou moins à la pénétration de l'eau par les pores du bois.

Poids spécifique. — De même l'étude du poids spécifique suffira souvent pour limiter les emplois d'un bois : ainsi pour les constructions mobiles, portatives ou démontables, pour la charpente en particulier. Il nous montrera les prix et les facilités de transport de bois : charrois, flottage, hors forêt ; ou bien transport par voie ferrée (prix à la tonne) et par mer (prix au mètre cube). L'intérêt des bois légers est double, pratique et mécanique : pratique pour les boiseurs de mine et les poseurs de voie quand ils déclarent inaptes à la mine les étais feuillus plus lourds à transporter que les étais résineux ; quand les poseurs préfèrent les pins injectés aux palétuviers car ce sont eux qui coltinent les traverses. Le discrédit d'un bois vient surtout de l'ouvrier qui le met en œuvre. De plus, nous savons que toutes les valeurs absolues des résistances de bois à la compression et à la flexion sont fonction du poids spécifique ou de son carré. C'est donc un nombre dont la connaissance est très importante.

On passera facilement du poids spécifique D-15 pour 15 % d'humidité qui est indiqué dans le tableau des caractéristiques à un poids spécifique quelconque Dn par exemple (n étant inférieur au point de saturation(au moyen du terme de correction donné lui aussi.

Il suffira d'ajouter ou de retrancher (n — 15) d = D-15 pour avoir Dn suivant que n est plus grand ou plus petit que 15.

II. — QUALITES MECANIQUES

Dureté. — C'est souvent une qualité très importante par exemple lorsque le bois peut-être soumis à des heurts superficiels : meubles ; ou lorsqu'il doit retenir énergiquement les vis et clous d'assemblage : crosses de fusil, hélices d'avion ; ou encore retenir les tire-fonds : traverses de chemin de fer.

Compression axiale. — *(Cote spécifique et statique)*. — La résistance à la compression C varie non seulement d'une essence à l'autre, mais aussi parmi des échantillons d'une même essence avec le poids spécifique et le degré d'humidité de ces échantillons.

Prenons par exemple un échantillon de lim qui sera employé dans un milieu tel que sa teneur normale en eau soit 18 %, il ne suffira pas de prendre la valeur de C donnée par le tableau 837 kg. par cmq à 15 % d'eau et de la réduire à sa valeur dans les conditions normales d'emploi, qui serait 837 — 7 (18-15) = 816 kg. Ceci est vrai pour l'échantillon étudié mais non pour un échantillon quelconque. Ce qui caractérise l'essence Lim c'est la cote spécifique C/100-D^2 qui est essentiellement constante quels que soient les échantillons. Le tableau nous donne pour le lim C/100-D^2 = 8,9. On en tirera la valeur de C après avoir calculé D à 18 % d'humidité comme nous l'avons indiqué plus haut. Pour qualifier un lot de bois de lim de même provenance et par conséquent presque homogène il suffira de quelques prises d'échantillons, et de la densité moyenne de ces échantillons on déduira la valeur de la résistance moyenne à la compression. C'est cette valeur qui servira aux différents calculs de résistance pour la mise en œuvre de ce lot de bois.

Les bois qui présentent une cote spécifique inférieure à 9 se voient rejeter de beaucoup d'emplois. Ils ne sont pas indiqués pour la charpente : comparons-les en effet à des bois de cote C/100-D^2 supérieure. S'ils ont même densité, c'est que leur résistance à la compression C est plus faible ce qui est une infériorité. Si, au contraire, ils ont même résistance unitaire à la compression c'est que leur densité est plus grande, ce qui est encore une infériorité puisque leur poids mort est plus grand et par conséquent leur pouvoir portant moindre.

On voit par cet exemple que la cote C/100-D² peut conduire à des éliminations d'essences pour un emploi déterminé. Au contraire, la cote statique C/100-D conduira à une élimination d'échantillons d'une même essence. En effet, cette cote augmente pour une même essence avec la densité des échantillons. On éliminera ceux qui ont une cote inférieure à une certaine valeur qu'on s'est fixé en tenant compte des exigences de la construction.

En général, on peut pour C/100-D se fixer les minima suivants :

1° *Bois résineux* 8

2° *Bois feuillus tendres et acajous* 7

3° *Bois feuillus durs* 6,5

Pratiquement on fera les éliminations de la manière suivante :

Dans un lot de lim qui est classé feuillu dur nous devons avoir C/100-D > 6,5 et d'autre part, C/100-D² = 8,9 ; il faudra donc : 8,9 D > 6,5 ou D > 0,73. Une simple détermination du poids spécifique par pesées (ramené à 15 % d'eau) nous montrera les parties du lot qui sont inacceptables.

Le tableau X précédemment donné classe la valeur relative d'un échantillon dont on connaît la résistance à la compression et la cote statique C/100-D.

Flexion. — L'étude de la flexion statique ne fournit pas des chiffres parallèles à ceux de la compression. Les résistances unitaires à la flexion dépendent en effet :

1° De la perfection du débit des éprouvettes ;

2° De la nature des appuis et du couteau ;

3° De la portée relative ;

4° Et surtout de l'équarrissage.

Pour avoir des résultats comparables quel que soit l'équarrissage on sera conduit à adopter une nouvelle formule grâce à laquelle on pourra fixer une relation entre la résistance à la flexion et la résistance à la compression, celle-ci plus facile à établir.

Cette relation n'est pas la même pour toutes les essences ainsi apparaîtra en gros la qualité d'une essence à résister plus qu'une autre à la flexion, alors que leurs résistances à la compression sont semblables. La tenacité relative trouvera son expression dans le rapport F/C (ce rapport établi pour 15 % d'humidité offrant peu de variations pour des petits écarts d'humidité).

C'est la valeur de cette cote de tenacité F C qui nous donnera F connaissant C car l'étude C est plus facile et moins sujette à erreur que celle de F. Ainsi la résistance unitaire à la flexion F du lim sera donnée par la formule F C = 2,3 c'est-à-dire F = 2,3 × 8,37 = 1925 kg. cmq. pour l'échantillon étudié aux essais.

Traction. — — Les essais de traction ont toujours donné de mauvais résultats à cause de la nature fibreuse du tissu ligneux qui provoquait des ruptures prématurées par cisaillement ou écrasement des fibres au voisinage des mordaches. Mais on remarquera que dans les essais de flexion, les fibres travaillent d'un côté à la tension et de l'autre à la compression et quand on mesure la résistance unitaire à la flexion des fibres les plus fatiguées on mesure en somme la résistance unitaire à la traction des mêmes fibres. D'ailleurs les bois ne périssent pour ainsi dire jamais par la traction axiale.

Cote de raideur. L f on a vérifié que si la portée relative, rapport de la longueur de l'éprouvette à l'équarrissage, est constante le rapport L/f est constant quel que soit l'équarrissage. Cette valeur qualifie donc un bois sous le rapport de sa déformabilité, plasticité, souplesse, etc...

La connaissance de ce rapport nous permet ainsi d'en déduire la flèche de rupture f si c'est nécessaire.

On demandera en général aux bois de charpente une cote de raideur de 30 à 40 et aux bois de travail une cote de 30 à 20.

Résistance au choc. — — *(Résilience).* — La cote dynamique k D^2 classe les essences au point de vue de leur résistance au choc. Mais il faut se garder d'une conclusion trop rapide. Il est évident que deux essences qui ont la même densité celle qui donnera le meilleur bois de travail sera celle qui aura la cote dynamique la plus élevée. De même à égalité de cote dynamique, il y aura en général avantage à prendre un bois léger, de préférence à un bois lourd ; puisque les deux bois résistent au même choc sous le même équarrissage : ceci est très important pour les bois de charpente, de carrosserie et surtout pour les bois d'aviation. Cette règle ne souffre d'exception que lorsque l'emploi du bois exige en plus d'une bonne résistance au choc une certaine dureté : seuls les bois lourds ou mi-lourds seront susceptibles de remplir cette dernière condition : exemple les traverses de chemin de fer.

Mais poussant plus loin l'analyse il est facile de montrer que de deux bois ayant des cotes dynamiques différentes celui qui conviendra mieux à un emploi déterminé ne sera pas forcément celui qui aura la meilleure cote. En effet, ce rapport décroissant quand la densité croît, des bois lourds bien qu'ayant un coefficient k plus grand que certains bois légers n'auront qu'une cote dynamique inférieure. C'est ici qu'il faudra surtout considérer le mode d'emploi du bois. Si le bois est employé au sol le poids n'aura d'importance que pour le transport du matériau et ne pourra tolérer des bois lourds à cote dynamique faible non à cause du coefficient k mais en raison de leur densité très forte.

Illustrons ceci d'un exemple simple : le lim a une cote dynamique de 0,42 et le vang-Tâm de 1,14 : pourtant c'est le lim qui est couramment employé comme traverse de chemin de fer. Une des raisons est qu'à volume égal une traverse de vang-tam résistera beaucoup moins qu'une trarvese de lim. En effet, le travail abordé par une traverse du premier bois de 20 cm × 30 cm. d'équarrissage serait :

$$W_1 = 1,14 \times \overline{0,46}^2 \times 0,30 \times 0,20 \frac{10}{6} \text{ Kgm.}$$

et le travail absorbé par une traverse de lim de même équarrissage :

$$W_2 = 0,42 \times \overline{0,98}^2 \times 0,30 \times 0,20 \frac{10}{6}$$

$$\frac{W_1}{W_2} = \frac{1,14 \times \overline{0,46}^2}{0,42 \times \overline{0,98}^2} = \frac{0,24}{0,40} = \frac{3}{5} \text{ et } W_2 = \frac{5}{3} W_1$$

Par conséquent, le travail absorbé par la traverse de lim serait près du double de celui absorbé par une traverse de Vang-Tâm de même équarrissage.

Mais si le poids du bois intervient par exemple pour la charpente il sera préférable d'employer du vang-tam qui permettra d'avoir à poids égal des équarrissages beaucoup plus forts et par suite une meilleure résistance au choc. Ainsi soit un chevron en lim de 10 cm. × 10cm. d'équarrissage, de densité 0,98, de longueur L, son poids sera :

$$\overline{0,10}^2 \times 0,98 \times L$$

l'équarrissage d'une poutre de vang-tam de même poids et même longueur sera X tel que

$$X^2 \times 0,46 \times L = \overline{0,10}^2 \times 0,98 \times L.$$

$$X = \sqrt{\frac{0,98}{0,46} \times 0,10^2} = 0,^{m}145$$

La première pourra résister à un choc de :

$$W'_1 = 1,14 \times \overline{0,46}^{2} \times 0,145 \times 0,145 \frac{10}{6} \text{ Kgm.}$$

et la 2e à un choc de :

$$W'_2 = 0,42 \times \overline{0,98}^{2} \times 0,10 \times 0,10 \frac{10}{0} \text{ Kgm.}$$

$$\frac{W'_1}{W'_2} = \frac{0,24 \times 0,145}{0,40 \times 0,10} \times 1,45 \frac{10}{6} = 1,6$$

Donc quand une poutre de lim résistera à un choc de 1.000 kgm. une poutre de même poids en vang-tam résistera à un choc de 1.600 kgm. Comme autre exemple d'emploi de la cote dynamique nous citerons la réception des bois d'aviation. Le cahier des charges prévoit comme condition minimum $\frac{}{D^2} = 1$, d'où $k = D^2$ pour toutes les essences, condition qui élimine par exemple la plupart des échantillons d'acajou et de noyer ainsi que la presque totalité des bois étuvés. On voit par ces exemples comment il faut interprêter la cote dynamique k/D^2 qu'on devra toujours discuter sérieusement avant d'employer un bois de travail.

Coefficient de sécurité. — Les chiffres de résistance trouvés dans les essais doivent toujours être réduits en pratique. On prend habituellement un taux de travail pratique 10 fois plus petit que celui obtenu aux essais. On pourrait prendre le taux de 6 pour les constructions permanentes, et de 3 pour les constructions temporaires si ces résistances étaient correctement appliquées dans les calculs d'équarrissage des bois à mettre en œuvre.

LES ESSENCES ÉTUDIÉES

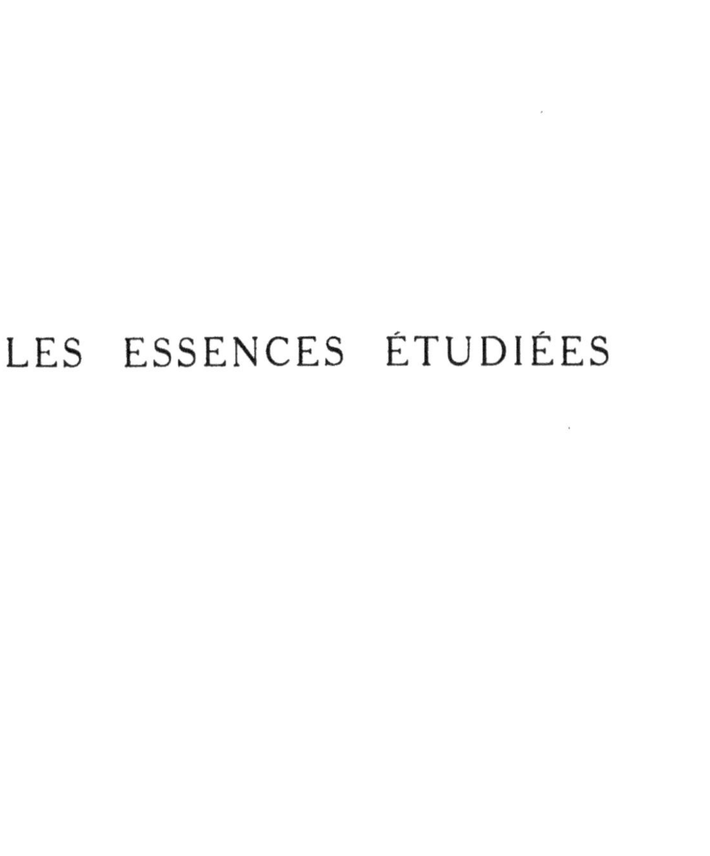

LES ESSENCES ÉTUDIÉES

I — BÀNG LANG

Nom commercial de l'essence forestière	Bang-lang.
Prononciation	*Bangue langue.*
Genre et famille — Nom de l'espèce ou des espèces botaniques	Lagerstroemia divers (Lythracées).
Synonymie locale	Sang-le (Annam), Sralao, Entranel (Camb.), Lan, Pươi (Laos) ; *Sangue Le* *(Sralaou) (Entranelle) (Lanne) (Pueuille).*
Diverses variétés	Bàng lang chèo, Bàng lang ổi, Bàng lang tìa, Bàng lang nước.

I. — Caractères généraux.

Grands arbres atteignant 25 m. sous branches, et 1 m. de diamètre, tronc profondément cannelé, tourmenté portant toujours à la base des contreforts très puissants d'où fort déchet au débit ; fréquemment creux chez les sujets âgés, peut fournir des billes de 10 à 15 m. de long sur 0,40 d'équarrissage, écorce lisse, grisâtre ou marron clair. Vient en tous terrains argileux ou argilo-sableux assez fertiles ; se présente en peuplements purs ; croissance assez rapide.

II. — Fiche floristique.

Voir *Flore de l'Indochine*, par H. Lecomte, tome II, page 945.

III. — Fiche écologique.

A. — Habitat :	Annam, Cochinchine, Cambodge, Laos.
1° Nature du sol	Tous terrains argileux, argilo-sableux fertiles.
2° Humidité du sol	Humide.
3° Profondeur	Assez profond.
4° Sous-sol	Indifférent.
B. — Station :	
1° Humidité atmosphérique..	Humide.
2° Exposition	Indifférent.
3° Zones d'altitudes	Moyennes.
C. — Tempérament :	
1° Rusticité du sujet	Rustique.
2° Eclairement	Réclame un abri lorsqu'il est jeune.
3° Couvert	Assez épais.
D. — Caractères spécifiques :	
1° Enracinement	Superficiel ou mixte.
2° Croissance	Assez rapide.
3° Floraison	Avril à août suivant régions.
4° Fructification	Août à novembre.
5° Longévité	Très longévif.
6° Qualités ou défauts particuliers	Rejette bien de souche.
E. — Allures forestières :	
1° Taille et port	Grand arbre atteignant 30 à 35 m. à tronc cannelé profondément, houppier étalé assez fourni.
2° Aptitude au mélange	Forme très souvent des groupes purs.
3° Tendances envahissantes..	Envahissant dans sa station
4° Traitements appropriés ..	Futaie jardinée.

IV. — Fiche technologique

A. — Caractères physiques

1° *Dureté et densité.* — Bois mi dur mi lourd comparable au frêne.

Dureté			4.1
Cote de dureté	$\frac{N}{D^2}$	=	7.5
Poids spécifique à 15 % d'eau	D	=	0.74
Hygroscopicité à l'air	d	=	0.0045

2° *Rétractibilité.* — Bien que retrait moyen ce bois serait plutôt à débiter sur mailles, car les pièces débitées sur dosses ont tendance à se fendre et nécessitent un étuvage rapide. C'est un bois assez nerveux à point de saturation assez bas.

Retrait	B	=	12 %
Coefficient de rétractibilité	V	=	0.45
Point de saturation à l'air	S	=	25 %

B. — Caractères mécaniques

1° *Compression axiale.* — Le Bang-lang est classé dans la catégorie supérieure des feuillus mi durs pour sa résistance à la compression.

Résistance par c. m. q. à la compression.	C	=	580 kg.
Cote statique	$\frac{C}{100\,D}$	=	8.5
Cote spécifique	$\frac{C}{100\,D^2}$	=	11.7
Tenue à l'humidité	e	=	3

2° *Flexion statique.* — Bois très flexible, assez tenace et élastique qualités qui le font rechercher pour des emplois analogues à ceux du frêne en France.

Cote de flexion .... $\frac{F}{100\ D}$ = 20.00

Cote de raideur .... $\frac{F}{C}$ = 2.4

Cote de tenacité .... $\frac{L}{f}$ = 26

3° *Résistance au choc.* — Moyennement resilient, il peut être employé comme bois de travail à tous les emplois soumis aux chocs et aux vibrations.

Cote dynamique .... $\frac{k}{D^2}$ 1.01

4° *Cohésion transversale :*

Fendage moyennement fissible .... $\frac{Fend}{100\ D}$ = 0.25

5° *Traction perpendiculaire :*

L'adhésion des fibres est moyenne ...... $\frac{Trac}{100\ D}$ 0.40

C. — Aspect et usages. — Aubier gris, peu épais, cœur jaunâtre, marron ou rose violacé suivant variété, à grain ferme, peu veiné, quelquefois moiré ; facile à travailler joue peu lorsqu'il est employé bien sec, résiste assez bien aux insectes et aux intempéries. Les pièces débitées sur dosses ont tendance à se fendre, d'où nécessité de procéder à l'étuvage des grumes et plateaux, opération qui ne présente aucune difficulté et qui ne modifie pas sensiblement les propriétés mécaniques du bois. Laisse un gros déchet au débit à cause de l'irrégularité des fûts. Utilisé pour avirons, bordages de barques, bois courbes, charronnage, ébénisterie. On a fabriqué avec le Bang-Lang des maquettes de fusils et des hélices d'aéroplanes.

II — BÔ-ĐÊ

Nom commercial de l'essence forestière	BÔ-ĐÊ.
Prononciation	*bo dé*
Genre et famille — Nom de l'espèce ou des espèces botaniques	STYRAX TONKINENSE (STYRACIDÉES).
Synonymie locale	Nhân (L), Mu Khoa deng (Sonla), Chàng là (Thô) ; *Gnane, Mou khoa, dingue, Tiangue la.*
Diverses variétés	Bô-đê trắng, Bô-đê tía ;

I. — Caractères généraux.

Arbre atteignant 15 m. sous branches, tronc cylindrique empattement nul, écorce marron clair ou grise, mince fendillée en long. Essence venant en haute et moyenne altitudes, à croissance rapide, forme des peuplements purs, se rencontre particulièrement en forêt claire, à l'emplacement des rays.

Fournit du benjoin dans certaines conditions de station et d'altitude (au Laos).

II. — Fiche floristique.

A. HABITAT :	Nord de l'Indochine, rarement rencontré dans le Sud.
1° Nature du sol	Argilo-sablonneux, léger, rocailleux.
2° Humidité du sol	Assez frais.
3° Profondeur	Assez profond.

B. — STATION :

1° Humidité atmosphérique..	Humide.
2° Exposition	Indifférent.
3° Zones d'altitudes	Moyennes altitudes jusqu'à 1.200 mètres).

C. — TEMPÉRAMENT :

1° Rusticité du sujet	Rustique.
2° Eclairement	Essence de lumière.
3° Couvert	Moyennement épais.

D. — CARACTÈRES SPÉCIFIQUES :

1° Enracinement	Pivotant.
2° Croissance	Très rapide.
3° Floraison	Mai.
4° Fructification	Septembre (généralement abondante).
5° Longévité	Peu longévif.

E. — ALLURES FORESTIÈRES[2] :

1° Taille et port	Arbre atteignant 20 m. à tronc droit, régulier houppier fourni.
2° Aptitude au mélange	Peuplements purs, bordure des forêts.
3° Traitements appropriés ..	Futaie ou futaie jardinée.

ASPECT ET USAGES. — Bois léger (0,400 à 0,500) tendre, aubier et cœur non différenciés, blanchâtre ou rosé grain fin, facile à travailler se fend et se déroule facilement, ne résistant pas aux intempéries ni aux insectes. Bois de caissage, est surtout utilisé pour la fabrication des allumettes et des sandales.

III — BÔI LÔI

Nom commercial de l'essence forestière	Bôi-Lôi.
Prononciation	*Bauille Lauille.*
Genre et famille — Nom de l'espèce ou des espèces botaniques	LITSEA Vang (LAURACÉES).
Synonymie locale	Be-Loi (Cambodge), May bon nang (Laos) ; *Bè-lauille, Maille bonne nangue.*
Diverses variétés	Bôi lôi vang, bôi lôi tia, bôi lôi lòng bèu ;

I. — Caractères généraux.

Arbre atteignant 20 m. sous branches, à tronc cylindrique, à petits contreforts, écorce grise, cotelée. Se rencontre dans le Sud de l'Indochine, aux moyennes altitudes, en terrains assez frais et assez fertiles essence à croissance assez rapide.

II. — Fiche floristique.

Voir *Flore de l'Indochine*, par H. LECOMTE, tome V, fascicule 2, page 139.

III. — Fiche écologique.

A. — HABITAT :	Tout le Sud de l'Indochine.
1° Nature du sol	Sols argilo-sablonneux fertiles.
2° Humidité du sol	Humides.
3° Profondeur	Assez profonds.
4° Sous sol	Meuble.

B. — Station :

1° Humidité atmosphérique..	Humide.
2° Exposition	Indifférent.
3° Zones d'altitudes	Moyennes altitudes.

C. — Tempérament :

1° Rusticité du sujet	Essence assez délicate.
2° Eclairement	Réclame un abri dans son jeune âge.
3° Couvert	Assez épais.

D. — Caractères spécifiques :

1° Enracinement	Mixte.	
2° Croissance	Assez rapide.	
3° Floraison	Novembre à mai.	suivant région.
4° Fructification	Mars à avril.	suivant région.
5° Longévité	Moyenne.	suivant région.

E. — Allures forestières :

1° Taille et port	Arbre atteignant 30 m. droit ; houppier bien fourni.
2° Aptitude au mélange	Disséminé, en mélange avec toutes essences.
3° Tendances envahissantes .	Pas envahissant.
4° Traitements appropriés ..	Futaie (jardinée).

Aspect et usages. — Bois assez dense (0,700 à 0,800) tendre, aubier et cœur non différenciés, de couleur jaunâtre ou brunâtre suivant variétés grain assez fin. Se travaillant et se fendant bien, ne joue pas prend peu de retrait, résistant assez longtemps aux insectes et aux intempéries. Bois de menuiserie ordinaire et de caissage. Peut fournir des merrains.

IV — CẠ CHAC

Nom commercial de l'essence forestière	Ca-Chac.
Prononciation	Ca-tiac.
Genre et famille — Nom de l'espèce ou des espèces botaniques	SHOREA OBTUSA (Diptérocarpées).
Synonymie locale	Phcheck (Cambodge), Chick (Laos). *Pchèque*, *tchique*.

I. — Caractères généraux.

Arbre atteignant 20 m. sous branches, à tronc souvent tordu (les beaux sujets utilisables pour la grosse charpente sont rares) empattement assez fort, contreforts de 2 m. de haut, écorce épaisse rougeâtre ou blanchâtre, très rugueuse. Poussant en terrain rocheux, en forêt claire, par petits groupes ou sujets isolés. Croissance lente.

II. — Fiche floristique.

Voir *Flore de l'Indochine*, par H. Lecomte, tome I, page 378.

III. — Fiche écologique.

A. — Habitat :	Sud -indochinois, Laos.
1° Nature du sol	Terrains rocheux argileux ou argilo siliceux latérite.
2° Humidité du sol	Sec.
3° Profondeur	Indifférent.
4° Sous-sol	Sous-sols rocheux, latérite.
B. — Station :	
1° Humidité atmosphérique..	Humide.
2° Exposition	Indifférent.
3° Zones d'altitudes	Moyennes et basses altitudes.
C. — Tempérament :	
1° Rusticité du sujet	Essence rustique.
2° Eclairement	Essence de lumière.
3° Couvert	Clair.

D. — CARACTÈRES SPÉCIFIQUES :

1° Enracinement	Plastique.
2° Croissance	Lente.
3° Floraison	Décembre à avril.
4° Fructification	Mai à août.
5° Longévité	Très longévif.
6° Qualité ou défauts particuliers	Rejette vigoureusement.

E. — ALLURES FORESTIÈRES :

1° Taille et port	Arbres atteignant 30 mètres, très souvent courbé et tordu, houppier peu garni.
2° Aptitude au mélange	Vient en mélange ou par petits groupes purs en forêt claire.
3° Traitements appropriés ..	Futaie jardinée.

IV. — Fiche technologique (*Ca-Chac*).

A. — CARACTÈRES PHYSIQUES

1° *Dureté et densité.* — Bois dur et très dense.

Dureté	N	=	6.3
Cote de dureté	$\frac{N}{D^2}$	=	5.4
Poids spécifique à 15 % d'eau	D	=	1.08
Hygroscopicité à l'air	d	=	0.0055

2° *Rétractibilité.* — Excellent bois à faible retrait. Dans ses emplois à l'air humide ou au contact de l'eau ses qualités technologiques ne varient pas car son point de saturation est très bas. Toutefois, dans les endroits couverts, ou chauffés il peut travailler un peu car il est assez nerveux.

Retrait	B	=	8 %
Coefficient de rétractibilité	V	=	0.47 %
Point de saturation à l'air	S		17 %

B. — Caractères mécaniques

1° *Compression axiale.* — Sa résistance unitaire à la compression pas très élevée par rapport à sa forte densité le fait classer dans la catégorie moyenne des feuillus durs pour sa résistance à la compression. Résistance par c. m. q. à la compression .... C = 680 kg.

Cote statique .... $\frac{C}{100\ D}$ = 6.3

Cote spécifique .... $\frac{C}{100\ D^2}$ = 5.9

Tenue à l'humidité .... e = 6

2° *Flexion statique.* — Peu flexible et assez raide c'est plutôt un bois de service et de construction qu'un bois de travail.

Cote de flexion .... $\frac{F}{100\ D}$ = 15.5

Cote de tenacité .... $\frac{F}{C}$ = 2.3

Cote de raideur .... $\frac{L}{f}$ = 34

3° *Résistance au choc.* — Quoique assez résistant aux chocs sa très forte densité le fait classer dans la catégorie des bois cassants.

Cote dynamique .... $\frac{k}{D^2}$ 0.17

4° *Cohésion transversale :*

Fendage. — Bois très fissible .... $\frac{Fend}{100\ D}$ = 0.14

5° *Traction perpendiculaire :*

L'adhésion des fibres — moyenne ...... $\frac{Trac}{100\ D}$ 0.32

C. — Aspect et usages. — Aubier très épais, grisâtre, cœur gris brun à grain fin. Se travaillant bien, résistant indéfiniment aux intempéries et aux insectes. Très estimé, mais pas très abondant. Fournit des courbes recherchées en construction navale.

Bois de service et de construction de 1er ordre.

V — CẨM-LAI

Nom commercial de l'essence forestière	CẨM LAI.
Prononciation	*Camme laille.*
Genre et famille — Nom de l'espèce ou des espèces botaniques	DALBERGIA BARIENSIS (LÉGUMINEUSES PAPILIONACÉES).
Synonymie locale	Néang-nuon (Cambodge), nang-nuon (Laos) ; (*Néangue noungue*), (*nangue nuongue*).
Diverses variétés	Cẩm lai bông.

I. — Caractères généraux.

Grand arbre atteignant 35 m. de haut dont 25 m. sous branches et 1 m. de diamètre ; les plus belles pièces viennent du Haut Mékong et du Cambodge ; tronc généralement très droit cylindrique, empattement fort, écorce grise ou blanchâtre, lisse, peu fendillée, s'exfoliant facilement.

Poussant en terrain basaltique, fertile ; devient rare en Cochinchine Essence à croissance lente

II. — Fiche floristique.

Voir *Flore de l'Indochine*, par H. LECOMTE, tome II, page 496

III. — Fiche écologique.

A. — HABITAT :	Sud de l'Indochine.
1° Nature du sol	Terres basaltiques, terres rouges, se trouve même en sol rocailleux.
2° Humidité du sol	Humide.
3° Profondeur	Profond.
4° Sous-sol	Indifférent.

B. — STATION :

1° Humidité atmosphérique..	Humide.
2° Exposition	Indifférent.
3° Zones d'altitudes	Moyennes altitudes.

C. — TEMPÉRAMENT :

1° Rusticité du sujet	Essence exigeante.
2° Eclairement	Supporte un léger couvert.
3° Couvert	Peu épais.

D. — CARACTÈRES SPÉCIFIQUES :

1° Enracinement	Pivotant.
2° Croissance	Lente.
3° Floraison	Mars à juin.
4° Fructification	Juin à novembre.
5° Longévité	Très longévif.

E. — ALLURES FORESTIÈRES :

1° Taille et port	Arbre atteignant 30 m. à tronc droit houppier assez fourni, étalé, large, irrégulier.
2° Aptitude au mélange	Très disséminée, en mélange avec toutes essences.
3° Tendances envahissantes .	Pas envahissant.
4° Traitements appropriés ..	Futaie jardinée.

IV. — Fiche technologique (*Cam Lai*).

A. — CARACTÈRES PHYSIQUES

1° *Dureté et densité.* — Bois très dur et très lourd.

Dureté			14.4
Cote de dureté	$\frac{N}{D^2}$	=	12.7
Poids spécifique à 15 % d'eau	D	=	1.08
Hygroscopicité à l'air	d	=	0.0051

2° *Rétractibilité.* — Bois à retrait moyen, qui, quoique assez nerveux, est très recherché par l'ébénisterie. Il se comporte très bien à l'humidité et peut donc être employé pour les boiseries de luxe exposées à l'air humide.

Retrait	B	8.9
Coefficient de rétractibilité	V	0.52
Point de saturation à l'air	S	17

B. — Caractères mécaniques

1° *Compression axiale.* — Ce bois est classé dans les catégories supérieures pour sa résistance à la compression.

Résistance par c. m. q. à la compression.	C	900 kg.
Cote statique	$\frac{C}{100\ D}$	8.4
Cote spécifique	$\frac{C}{100\ D^2}$	7.9
Tenue à l'humidité	e	5

2° *Flexion statique.* — Bois flexible et assez raide.

Cote de flexion	$\frac{F}{100\ D}$	20.4
Cote de raideur	$\frac{F}{C}$	2.4
Cote de tenacité	$\frac{L}{f}$	30

3° *Résistance au choc.* — Bien que résistant moins bien aux chocs que le Ca-chac, c'est encore sa densité très forte par rapport à un coefficient de résistance moyen qui le fait classer dans la catégorie des bois cassants.

Cote dynamique	$\frac{K}{D^2}$	0.42

4° *Cohésion transversale :*

Fendage. — Moyennement fissible ...... $\frac{\text{Fend}}{100\ \text{D}}$ = 0,21

5° *Traction perpendiculaire :*

L'adhésion des fibres plutôt faible ...... $\frac{\text{Trac}}{100\ \text{D}}$ 0,29

C. — Aspect et usages. — Aubier blanchâtre, épais, aussi dur que le bois de cœur, bois de cœur rouge vineux à grain fin bien maillé, bien veiné, se travaillant bien, résistant indéfiniment aux insectes et aux intempéries. Susceptible de prendre un beau poli. Très estimé. Bois d'ébénisterie et menuiserie de luxe, tour et sculpture, bibeloterie.

VI — CẨM THỊ

Nom commercial de l'essence forestière	CAM-THI.
Prononciation	*Came t'hi.*
Genre et famille — Nom de l'espèce ou des espèces botaniques	DIOSPYROS SIAMENSIS (EBÉNACÉES).
Synonymie locale	Trayung (Cambodge), Lang đăm (Laos). *Trayoungue, Langue dame.*

I. — Caractères généraux.

Arbre court, à tronc cylindrique, écorce grise, lisse, peu épaisse, très disséminé, venant en sols pierreux ou sableux.

II. — Fiche écologique.

A. — HABITAT :	Sud de l'Indochine ;
1° Nature du sol	Sableux ou pierreux.
2° Humidité du sol	Aride ou peu frais.
3° Profondeur	Indifférent.
B. — STATION :	
1° Humidité atmosphérique...	Humide
2° Exposition	Indifférent.
C. — TEMPÉRAMENT :	
1° Couvert	Très clair.

D. — Caractères spécifiques :

1° Enracinement .... Mixte.
2° Croissance .... Lente.
3° Longévité .... Très longévif.

E. — Allures forestières :

1° Taille et port .... }
2° Aptitude au mélange .... } Arbre à tronc court, à houppier peu développé, se rencontre en mélange avec toutes essences, très disséminé.

THỊ

Nom commercial de l'essence forestière	THI.
Prononciation	*T'hi.*
Genre et famille — Nom de l'espèce ou des espèces botaniques	DIOSPYROS RUBRA (ÉBÉNACÉES).

I. — Caractères généraux.

Arbre atteignant 20 m, tronc de 12 m. sur 0 m. 50 de diamètre, empattement assez fort, écorce mince, grisâtre, fendillée en long. Essence disséminée dans les forêts de moyenne altitude. Quelquefois plantée par les indigènes.

II. — Fiche écologique

A. — HABITAT : Moyennes régions du Tonkin, Cochinchine ;

1° Nature du sol	Tous sols.
2° Humidité du sol	Assez humides.
3° Profondeur	Assez profonds.

B. — STATION :

1° Humidité atmosphérique..	Humide.
2° Exposition	Indifférent.
3° Zones d'altitudes	Moyennes altitudes.

C. — TEMPÉRAMENT :

1° Rusticité du sujet	Rustique.
2° Éclairement	Essence de lumière.
3° Couvert	Peu épais.

D. — CARACTÈRES SPÉCIFIQUES :

1° Enracinement	Mixte.
2° Croissance	Lente.
3° Longévité	Très longévif.

E. — Allures forestières :

1° Taille et port	Arbre généralement droit atteignant 20 m. houppier assez fourni en grosses branches.
2° Aptitude au mélange	Vient très disséminé avec toutes essences assez rare, quelquefois planté par les indigènes.

III. — Fiche technologique *Thi*.

A. — Caractères physiques

1° *Dureté et densité*. — Bois dur et très lourd.

Dureté		8.1
Cote de dureté	$\dfrac{N}{D^2}$	8.6
Poids spécifique à 15 %, d'eau	D	0.98
Hygroscopicité à l'air	d	0.0067

2° *Rétractibilité*. — Bois peu nerveux à retrait faible ; ces qualités jointes à la finesse de son grain et à sa couleur le fond rechercher pour la sculpture et la gravure.

Retrait	B	9.6
Coefficient de rétractibilité	V	0.30
Point de saturation à l'air	S	33 %

B. — Caractères mécaniques

1° *Compression axiale*. — Classé dans la catégerie moyenne des feuillus durs pour sa résistance à la compression axiale.

Résistance par c. m. q. à la compression.	C	630 kg.
Cote statique	$\dfrac{C}{100\,D}$	6.4
Cote spécifique	$\dfrac{C}{100\,D^2}$	6.6
Tenue à l'humidité	c	—

2° *Flexion statique.* — Assez flexible, assez tenace et moyennement élastique.

Cote de flexion	$\frac{F}{100 D}$ =	16,7
Cote de tenacité	$\frac{F}{C}$ =	2,6
Cote de raideur	$\frac{L}{f}$ =	25

3° *Résistance au choc.* — Bois résistant mal aux chocs.

Cote dynamique	$\frac{k}{D^2}$ =	0,6

4° *Cohésion transversale :*

Fendage. — Fissilité moyenne	$\frac{Fend}{100 D}$ =	0,23

5° *Traction perpendiculaire :*

L'adhésion des fibres. — Moyenne	$\frac{Trac}{100 D}$ =	0,38

C. — Aspect et usages. — Aubier et cœur non différenciés, blanc jaunâtre veiné de noir. Bois de sculpture, gravure, petits objets de luxe pouvant être employé en marquetterie et placage. Rare sur le marché.

VII — CAM XE

Nom commercial de l'essence forestière .... Cam-Xe.

Prononciation .... *Camme Sè.*

Genre et famille — Nom de l'espèce ou des espèces botaniques .... XYLIA DOLABRIFORMIS (Légum. mimosées).

Synonymie locale .... So-Kram (Cambodge) May-đeng (Laos) :
So-kramme, Maille dingue.

I. — Caractères généraux.

Arbre atteignant 20 m. sous branches à tronc cylindrique mais ne donnant généralement que des pièces de 10 à 12 m. Les beaux sujets étant devenus rares, empattement assez fort, écorce gris rougeâtre, fendillée irrégulièrement, mince et dure ; poussant généralement en massif clair, se rencontre souvent en association avec le teck ; croissance très lente.

II. — Fiche floristique.

Voir *Flore de l'Indochine*, par H. Lecomte, tome II, page 72.

III. — Fiche écologique.

A. Habitat : Sud de l'Indochine ;

1° Nature du sol .... Terrains argileux, argilo-sableux même rocheux.

2° Humidité du sol .... Frais mais non mouilleux.
S'accommode de terrains superficiels

3° Profondeur .... Indifférent, souvent rocheux.

B. — STATION :

1° Humidité atmosphérique..	Humide.
2° Exposition	Indifférent.
3° Zones d'altitudes	Croît en plaine et aux basses altitudes.

C. — TEMPÉRAMENT :

1° Rusticité du sujet	Essence rustique, frugale.
2° Eclairement	Essence plutôt de lumière
3° Couvert	Peu épais.

D. — CARACTÈRES SPÉCIFIQUES :

1° Enracinement	Pivotant.
2° Croissance	Lente.
3° Floraison	Mars à juin.
4° Fructification	Juillet à octobre.
5° Longévité	Très longévif.
6° Qualité ou défauts particuliers	Rejette vigoureusement.

E. — ALLURES FORESTIÈRES :

1° Taille et port	Tronc droit, arbre atteignant 30 mètres houppier assez fourni.
2° Aptitude au mélange	Vient en mélange notamment avec le teck, se trouve en forêt épaisse comme en forêt claire.
3° Traitements appropriés ..	Futaie jardinée.

IV. — Fiche technologique (*Cam Xe*).

A. — CARACTÈRES PHYSIQUES

1° *Dureté et densité.* — Bois très dur et très lourd.

Dureté		1.16
Cote de dureté	$\frac{N}{D^2}$	8.60
Poids spécifique de 15 %. d'eau	D	1.15
Hygroscopicité à l'air	d	0.0048

2° *Rétractibilité.* — Ce bois à retrait moyen peut être conservé en bois ronds pour l'utilisation en colonnes ou pilots. Bois nerveux à débiter sur mailles. Il se comporte bien à l'humidité.

Retrait	R	12
Coefficient de rétractibilité	V	0.57
Point de saturation à l'air	S	21

B. — Caractères mécaniques

1° *Compression axiale.* — Il se classe à la limite des catégories supérieure et moyenne des feuillus très durs pour la résistance à la compression.

Résistance par c. m. q. à la compression.	C	785
Cote statique	$\frac{C}{100\ D}$	6.8
Cote spécifique	$\frac{C}{100\ D^2}$	6.9
Tenue à l'humidité	c	3

2° *Flexion statique.* — Bois assez flexible, moyennement raide et assez tenace.

Cote de flexion	$\frac{F}{100\ D}$	16
Cote de tenacité	$\frac{F}{C}$ =	2.4
Cote de raideur	$\frac{L}{f}$ =	40

3° *Résistance au choc.* — Son coefficient de résistance plutôt faible et sa densité très forte le font ranger dans la catégorie de bois cassants.

Cote dynamique	$\frac{k}{D^2}$ =	0.3[illegible]

4° *Cohésion transversale*:

Fendage. — Bois très fissile .... $\frac{\text{Fend}}{100\ \text{D}}$ = 0.18

5° *Traction perpendiculaire* :

L'adhésion des fibres est faible .... $\frac{\text{Trac}}{100\ \text{D}}$ 0.30

C. — ASPECT ET USAGE — Aubier blanc jaunâtre peu épais, cœur rouge foncé ou de teinte plus claire suivant variété, peu veiné, peu maillé, quelquefois moucheté grain très fin, flexible, très résistant ; se travaillant assez aisément aux premiers temps après son abatage mais devient très dur et très difficile à travailler en se desséchant. Onctueux au toucher ce qui lui enlève de la valeur en ébénisterie. Les résines qu'il contient lui permettent de résister indéfiniment aux insectes, aux tarets et aux intempéries. Les arbres tordus fournissent des courbes flexibles très estimées en batellerie de mer. Bois de service et de construction, de charpente et de charronnage. Utilisé comme colonnes, pieux, traverses de chemin de fer, poteaux télégraphiques ; armature de barque.

CA-ÔI

Nom commercial de l'essence forestière	CA-OI.
Prononciation	*Ca-ouille.*
Genre et famille — Nom de l'espèce ou des espèces botaniques	CASTANOPSIS (FAGACÉES).

I. — Caractères généraux.

Arbre atteignant 20 m. sous branches, à tronc cylindrique, empattement prononcé, écorce grise blanchâtre à l'extérieur, se détachant par plaquettes. Essence à croissance assez rapide venant en tous terrains profonds et assez frais, disséminée en forêt pleine des moyennes et hautes régions.

II. — Fiche floristique.

Voir *Flore de l'Indochine*, par H. LECOMTE, tome V, fascicule 9, page 1017.

III. — Fiche écologique.

A. — HABITAT :	Nord de l'Indochine :
1° Nature du sol	Terrains de montagne, rocheux, argileux et argilo-sableux, fertiles.
2° Humidité du sol	Frais.
3° Profondeur	Profonds.
4° Sous-sol	Rocheux ou argileux.
B. — STATION :	
1° Humidité atmosphérique..	Humide.
2° Exposition	Indifférent.
3° Zones d'altitudes	Moyennes et hautes altitudes.
C. — TEMPÉRAMENT :	
1° Rusticité du sujet	Essence exigeante.
2° Eclairement	Réclame un abri pendant son jeune âge.
3° Couvert	Assez épais.

D. — Caractères spécifiques :

1° Enracinement	Mixte.
2° Croissance	Assez rapide.
3° Floraison	Février-avril.
4° Fructification	Juillet à septembre.
5° Longévité	Très longévif.
6° Qualité ou défauts particuliers	Rejette assez vigoureusement.

E. — Allures forestières :

1° Taille et port	Arbre atteignant 20 à 25 mètres, tronc droit houppier en boule très fourni.
2° Aptitude au mélange	Vient en mélange avec toutes essences.
3° Tendances envahissantes .	Pas envahissant.
4° Traitements appropriés ..	Futaie jardinée.

Aspect et usages. — Bois assez dense 0,750 à 0,850 aubier blanc, cœur grisâtre, souple, dur, se travaillant bien, résistant bien aux intempéries et aux insectes. Bois de charpente, menuiserie, charronnage, bois de Wagons, manches d'outils.

VIII — CHÁM

Nom commercial de l'essence forestière	CHÁM.
Prononciation	*Tiamme.*
Genre et famille — Nom de l'espèce ou des espèces botaniques	CANARIUM (Plusieurs espèces) *Burséracées*).
Synonymie locale	Bui (C. A.) Cana, Bày, Cưỡm, (Thò Talat (K)). *Bouille Cana, Beille, Kueume, Talat.*
Diverses variétés	Chám đen, Chám trắng, Chám chim, Chám hồng.

I. — Caractères généraux.

Grand arbre atteignant 20 m. sous branches, sur 0 m. 60 de diamètre, à tronc très droit cylindrique, régulier à contreforts atteignant 1 m. de haut sur 0 m. 50 de large, écorce grise peu rugueuse, peu épaisse laissant s'écouler un latex blanchâtre. Essence à croissance rapide disséminée en forêt.

II. — Fiche floristique.

Voir *Flore de l'Indochine*, par H. LECOMTE, tome I, page 708.

III. — Fiche écologique.

A. — HABITAT :	Nord-indochinois :
1° Nature du sol	Terrains argileux, argilo-sableux ou calcaires, fertiles.
2° Humidité du sol	Frais.
3° Profondeur	Assez profonds.
4° Sous-sol	Variable-Souvent latérite.

B. — STATION :

1° Humidité atmosphérique..	Humide.
2° Exposition	Indifférent.
3° Zones d'altitudes	Jusqu'à 700 m.) Basses et moyennes altitudes.

C. — TEMPÉRAMENT :

1° Rusticité du sujet	Essence exigeante, robuste.
2° Eclairement	Essence de lumière.
3° Couvert	Moyen.

D. — CARACTÈRES SPÉCIFIQUES :

1° Enracinement	Pivotant.
2° Croissance	Rapide.
3° Floraison	Avril.
4° Fructification	Septembre.
5° Longévité	Très longévif.

E. — ALLURES FORESTIÈRES :

1° Taille et port	Grand arbre atteignant 25 m. houppier étagé, rameaux étalés, assez bien fourni.
2° Aptitude au mélange	Disséminé, se trouve en bordure des forêts.
3° Tendances envahissantes .	Pas envahissant.

ASPECT ET USAGES. — Bois de densité moyenne (0,600) aubier blanc grisâtre, assez épais, cœur rosé ou rougeâtre suivant variété, tendre fibreux, ne résiste pas aux insectes ni aux intempéries, facile à travailler. Bois de menuiserie ordinaire, caissage, tonnellerie industrielle Les Chám donnent des fruits comestibles, le Chám trắng donne en outre une résine employée dans la confection des torches ; les Chám đen et Chám hồng donnent une oléo-résine employée à la fabrication des vernis.

CHẸO

Nom commercial de l'essence forestière	CHẸO.
Prononciation	*Tchèo.*
Genre et famille — Nom de l'espèce ou des espèces botaniques	ENGELHARDTIA CHRYSOLEPIS (*Juglandacées*).
Synonymie locale	Sui-deng (man), Pèo (Tho) ; *Souille dingue, Pèou.*
Diverses variétés	Chẹo den, chẹo tía, chẹo tráng.

I. — Caractères généraux.

Arbre atteignant 12 m. sous branches, tronc cylindrique, empattement faible, écorce grise assez épaisse cotelée. Essence à croissance assez rapide, commune dans les forêts de la moyenne région du Tonkin et du Nord-Annam.

II. — Fiche floristique.

Voir *Flore de l'Indochine*, par H. LECOMTE, tome V, fascicule 9, page 928.

III. — Fiche écologique.

A. — HABITAT :	Nord de l'Indochine :
1° Nature du sol	Terrains argileux, argilo-sableux, en montagnes.
2° Humidité du sol	Humide.
3° Profondeur	Assez profonds.

B. STATION :

1° Humidité atmosphérique..	Humide.
2° Exposition	Indifférent.
3° Zones d'altitudes	Hautes et moyennes altitudes.

C. TEMPÉRAMENT :

1° Rusticité du sujet	Rustique.
2° Eclairement	Essence de lumière.
3° Couvert	Peu épais.

D. CARACTÈRES SPÉCIFIQUES :

1° Enracinement	Pivotant.
2° Croissance	Assez rapide.
3° Floraison	Mai.
4° Fructification	Août-abondante.
5° Longévité	Assez longévif.
6° Qualité ou défauts particuliers	Rejette de souche.

E. ALLURES FORESTIÈRES :

1° Taille et port	Arbre atteignant 15 à 20 m. tronc droit houppier peu fourni.
2° Aptitude au mélange	Vient en mélange avec toutes essences.
3° Tendances envahissantes .	Pas envahissant.
4° Traitements appropriés ..	Futaie jardinée ; Taillis.

ASPECT ET USAGES. — Bois de densité moyenne 0550 à 0,650, demi dur, à grain assez fin, aubier et cœur peu différenciés de couleur gris rosé se fonçant vite. Rappelle le bois de noyer comme aspect et dureté ; peu résistant aux insectes et aux intempéries, prend du retrait, se tord. Bois de menuiserie de 2° ordre et de caissage.

IX — DÀNG HƯƠNG

Nom commercial de l'essence forestière .... DÀNG-HƯƠNG.

Prononciation .... *Giang-Huongue.*

Genre et famille — Nom de l'espèce ou des espèces botaniques .... PTEROCARPUS PEDATUS ET DIVERS (*Légum. Papil.*).

Synonymie locale .... Thnong (Cambodge) May-dúc (Laos) *Thnon, Maille douk.*

I. — Caractères généraux.

Arbre atteignant 20 m. sous branches sur 1 m. de diamètre, tronc cylindrique, à contreforts (les vieux troncs fournissent des loupes estimées) écorce grise, feuilletée, assez épaisse. Essence tendant à disparaître par suite de l'exploitation intensive qui en est faite. Disséminée en forêt, affectionne les terrains argileux, basaltiques. Croissance lente.

II. — Fiche floristique.

Voir *Flore de l'Indochine*, par H. LECOMTE, tome II, page 462.

III. — Fiche écologique.

A. — HABITAT : Sud de l'Indochine.

1° Nature du sol .... Terrain argileux ou basaltique.
2° Humidité du sol .... Indifférent.
3° Profondeur .... Indifférent.
4° Sous-sol .... Latérite.

B. — STATION :

1° Humidité atmosphérique.. Humide.
2° Exposition .... Indifférent.
3° Zones d'altitudes .... Moyennes et basses altitudes.

C. — TEMPÉRAMENT :

1° Rusticité du sujet .... Essence rustique.
2° Eclairement .... Essence de lumière mais réclame un couvert pendant son jeune âge.
3° Couvert .... Peu épais.

D. — CARACTÈRES SPÉCIFIQUES :

1° Enracinement	Mixte.
2° Croissance	Lente.
3° Floraison	Février à avril.
4° Fructification	Août à octobre.
5° Longévité	Très longévif.

E. — ALLURES FORESTIÈRES :

1° Taille et port	Arbre atteignant 25 m ; à tronc droit quelquefois muni (chez les jeunes sujets) de loupes énormes ; houppier assez fourni.
2° Aptitude au mélange	En mélange avec toutes essences mais souvent très nombreux sujets dans le peuplement.
3° Traitements appropriés ..	Futaie jardinée.

IV. — Fiche technologique (*Dàng Huong*).

A. — CARACTÈRES PHYSIQUES

1° *Dureté et densité.* — Bois très dur et très lourd.

Dureté			13.3
Cote de dureté	$\frac{N}{D^2}$	=	13.6
Poids spécifique de 15 % d'eau	D	=	1.00
Hygroscopicité à l'air	d	=	0.0044

2° *Rétractibilité.* — Bois à retrait moyen qui, bien qu'assez nerveux, est, à cause de ses qualités esthétiques, de la finesse de son grain et de ses facilités de travail, très recherché par l'ébénisterie. Son point de saturation bas lui donne une bonne tenue à l'humidité.

Retrait	B	=	10.4
Coefficient de rétractibilité	V	=	0.55
Point de saturation à l'air	S	=	19.00

B. — Caractères mécaniques

1° *Compression axiale.* — Ce bois se classe dans la catégorie supérieure des feuillus très durs pour sa résistance à la compression.

Résistance par c. m. q. à la compression. $C = 905$ kg.

Cote statique .... $\frac{C}{100\ D} = 9.2$

Cote spécifique .... $\frac{C}{100\ D^2} = 9.3$

Tenue à l'humidité .... $c = 0$

2° *Flexion statique.* — Flexible, élastique et assez tenace il ferait un excellent bois de service et de construction si son prix n'en prohibait ce mode d'emploi.

Cote de flexion .... $\frac{F}{100\ D} = 21.6$

Cote de tenacité .... $\frac{F}{C} = 2.3$

Cote de raideur .... $\frac{L}{f} = 26$

3° *Résistance au choc.* — Son coefficient de résilience est moyen, mais sa grande densité lui fait attribuer une cote dynamique faible.

Cote dynamique .... $\frac{k}{D^2} = 0.52$

4° *Cohésion transversale :*

Fendage. — Moyennement fissile .... $\frac{Fend}{100\ D} = 0.21$

5° *Traction perpendiculaire :*

L'adhésion des fibres. — Moyenne ...... $\frac{Trac}{100\ D} = 0.34$

C. — Aspect et usages. — Aubier grisâtre, cœur rouge strié de veines plus claires et de veines foncées, à grain très fin devient très dur en vieillissant, se travaille facilement, imputrescible résiste aux insectes et aux intempéries dégage une odeur balsamique, d'où son nom « santal rouge ».

Bois de menuiserie fine et d'ébénisterie, tabletterie, marquetterie, bois de résonnance, placage (loupes).

X DÂU

Nom commercial de l'essence forestière .... DÂU.

Prononciation .... *Yaou*.

Genre et famille. Nom de l'espèce ou des espèces botaniques .... DIPTEROCARPUS DIVERS (*Diptérocarpées*).

Synonymie locale .... Teal (Cambodge) (*Til*); Sat (Laos) (*Satte*).

Diverses variétés .... Dầu lòng, dầu mít, dầu đỏ, dầu cát, dầu con rái...

I. Caractères généraux.

Les Dầu sont généralement de grands arbres très droits atteignant 30 m. sous branches et un diamètre de 1 m. 50, à tronc cylindrique, à empattement assez fort, à écorce grisâtre ou blanchâtre.

Le bois des Dầu des hautes altitudes est supérieur en qualité et en densité à celui des Dầu des bas fonds.

Ils sont plus souvent groupés et forment parfois des peuplements purs assez importants. Leur croissance est assez rapide.

II. Fiche floristique.

Voir *Flore de l'Indochine*, par H. LECOMTE, tome I, page 355.

III. Fiche écologique.

A. HABITAT .... Sud de l'Indochine.

1° Nature du sol .... Tous terrains même pauvres.
2° Humidité du sol .... Tous terrains même arides.
3° Profondeur .... Moyennement profonds.
4° Sous-sol .... Rocheux.

B. STATION

1° Humidité atmosphérique .... Humide.
2° Exposition .... Indifférent.
3° Zones d'altitudes .... Moyennes et basses altitudes.

C. — TEMPÉRAMENT

1° Rusticité du sujet .... Rustique.
2° Eclairement .... Essence de Lumière.
3° Couvert .... Assez épais.

D. — CARACTÈRES SPÉCIFIQUES

1° Enracinement .... Mixte.
2° Croissance .... Rapide.
3° Floraison .... Janvier-avril.
4° Fructification .... Mars à mai.
5° Longévité .... Très longévif.
6° Qualité ou défauts particuliers .... Rejette de souche.

E. — ALLURES FORESTIÈRES

1° Taille et port .... Grands arbres atteignant 35 mètres à tronc très droit, houppier peu fourni.
2° Aptitude au mélange .... Se rencontre surtout en peuplements purs.
4° Traitements appropriés .. Essence envahissante.
3° Tendance envahissante Futaie jardinée.

IV. Fiche technologique (*Dâu*).

A. — CARACTÈRES PHYSIQUES

1° *Dureté et densité.* — Bois mi-dur et mi-lourd.

Dureté		3.8
Cote de dureté	$\frac{N}{D^2}$	6.4
Poids spécifique à 15 % d'eau	D	0.78
Hygroscopicité à l'air	d	0.0036

2° *Rétractibilité.* — Ce bois à fort retrait travaille beaucoup et n'est pas utilisable en menuiserie de choix. Etant très nerveux son débit sur mailles s'impose.

Coefficient de rétractibilité	R	15.9
Retrait	V	0.31
Point de saturation à l'air	S	26

B. — Caractères mécaniques

1° *Compression axiale.* — Ce bois est classé dans la catégorie moyenne des feuilles mi-durs pour la résistance à la compression.

Résistance par c. m. q. à la compression. $C = 537$

Cote statique .... $\frac{C}{100\,D} = 6.9$

Cote spécifique .... $\frac{C}{100\,D^2} = 8.9$

Tenue à l'humidité .... $e = 3.5$

2° *Flexion statique.* — Peu flexible et assez tenace sa cote de raideur plutôt forte le fait considérer comme un bon bois de charpente.

Cote de flexion .... $\frac{F}{100\,D} = 14.7$

Cote de tenacité .... $\frac{F}{C} = 2.1$

Cote de raideur .... $\frac{L}{f}$ 36

3° *Résistance au choc.* — Bois cassant.

Cote dynamique .... $\frac{k}{D^2} = 0.47$

4° *Cohésion transversale :*

Fendage. — Bois peu fissile .... $\frac{Fend}{100\,D} = 0.30$

5° *Traction perpendiculaire :*

L'adhésion des fibres est très forte ..... $\frac{Trac}{100\,D}$ 0.48

C. — Aspect et usages. — Aubier rose, assez épais, bois rougeâtre à
vailler, prend beaucoup de retrait ; résistant mal aux insectes et aux
gros vaisseaux imprégnés d'oléo-résine, fibreux, flexible, facile à tra-
intempéries ; lorsqu'il est employé pour la charpente, il est prudent
de l'enduire de galipot ou de carbonileum. Bois de charpente (couverte) menuiserie de 2ᵉ ordre. Batellerie de rivière.

XII — GIÈ

Nom commercial de l'essence forestière .... GIÈ.

Prononciation .... GIÈ.

Genre et famille. — Nom de l'espèce ou des espèces botaniques .... QUERCUS (*Fagacées*).

Synonymie locale .... Cô (Thô) ; *Cor.*

Diverses variétés .... Giè xanh, Giè đỏ, Giè đen, Giè cuống, Giè gai.

I. — Caractères généraux.

Arbre atteignant 12 à 15 m. sous branches, à tronc droit, empattement prononcé, écorce grisâtre, rugueuse, épaisse de 5 m/m. Essence à croissance assez lente, disséminée dans les forêts des hautes et moyennes altitudes.

II. — Fiche floristique.

Voir *Flore de l'Indochine*, par H. LECOMTE, tome V, fascicule 9, page 950.

III. — Fiche écologique.

A. — HABITAT .... Nord de l'Indochine.

1° Nature du sol .... Argileux, argilo-sablonneux, montagnes.

2° Humidité du sol .... Frais.

3° Profondeur .... Profond.

4° Sous-sol .... Généralement rocheux.

B. — STATION

1° Humidité atmosphérique . Humide.

2° Exposition .... Indifférent.

3° Zones d'altitudes .... Hautes et moyennes altitudes.

C. TEMPÉRAMENT

1° Rusticité du sujet .... Essence rustique.
2° Eclairement .... Réclame un couvert protecteur pendant son jeune âge.
3° Couvert .... Assez épais.

D. CARACTÈRES SPÉCIFIQUES

1° Enracinement .... Mixte.
2° Croissance .... Assez rapide.
3° Floraison .... Avril-mai.
4° Fructification .... Septembre-octobre.
5° Longévité .... Assez longévif.
6° Qualité ou défauts particuliers .... Rejette bien de souche.

E. ALLURES FORESTIÈRES

1° Taille et port .... Arbre atteignant 20 mètres, droit, houppier bien fourni, en boule.
2° Aptitude au mélange .... Vient en mélange avec toutes essences.
3° Tendances envahissantes. Pas envahissant.
4° Traitements appropriés .. Futaie jardinée.

IV. — Fiche technologique (*Gié*).

A. — CARACTÈRES PHYSIQUES

1° *Dureté et densité.* — Bois mi dur et mi lourd.

Dureté		3.2
Cote de dureté	$\frac{N}{D^2}$	5.1
Poids spécifique à 15 % d'eau	D	0.82
Hygroscopicité à l'air	d	0.0022

2° *Rétractibilité.* — Bois très nerveux et à fort retrait ; à débiter sur mailles le plus rapidement possible.

Retrait	B =	21
Coefficient de rétractibilité	V =	0.73
Point de saturation à l'air	S =	29

B. — CARACTÈRES MÉCANIQUES

1° *Compression axiale.* — Bois classé dans la catégorie supérieure des feuillus mi-durs pour sa résistance à la compression axiale.

Résistance par c. m. q. à la compression	C =	651 kg
Cote statique	$\frac{C}{100 D}$ =	8.2
Cote spécifique	$\frac{C}{100 D^2}$ =	10.4
Tenue à l'humidité	c =	6

2° *Flexion statique.* — Assez tenace, élastique et assez flexible ce bois présente un ensemble de qualités qui devraient en étendre l'usage si le trop grand nombre de variétés n'y faisait obstacle.

Cote de flexion	$\frac{F}{100 D}$ =	19
Cote de tenacité	$\frac{F}{C}$ =	2.3
Cote de raideur	$\frac{L}{f}$ =	25

3° *Résistance au choc.* — Sans être très résilient ce bois résiste assez bien aux chocs. Peut-être pourrait-on l'employer comme traverse de chemin de fer, mais après injection.

Cote dynamique	$\frac{k}{D^2}$ =	0.78

4° *Cohésion transversale :*

Fendage. — Bois peu fissile	$\frac{Fend}{100 D}$ =	0.31

5° *Traction perpendiculaire :*

L'adhesion des fibres forte	$\frac{Trac}{100 D}$ =	0.52

C. — ASPECT ET USAGES. — Aubier peu différencié, bois grisâtre ou rosé, fibreux mais se travaillant bien, résiste assez longtemps aux insectes et aux intempéries. Bois de construction et d'ébénisterie.

XIII — GIỒI

Nom commercial de l'essence forestière	Giồi
Prononciation	*Gionille.*
Genre et famille. — Nom de l'espèce ou des espèces botaniques	Talauma gioi (*Magnoliacées*).
Synonymie locale	Ham (Sonla) : *Hamme.*
Diverses variétés	Giồi xanh, Giồi lụa, Giồi mỡ gà.

I. Caractères généraux.

Arbre atteignant 20 m. sous branches sur 0,60 à tronc très droit, cylindrique, empattement faible, à faible décroissance, écorce grise ou verdâtre finement striée assez épaisse, essence se trouvant en petits groupes en terrain montagneux ; croissance rapide.

II. Fiche floristique.

Voir *Flore de l'Indochine*, par H. Lecomte, tome I, page 32.

III. Fiche écologique.

A. — Habitat	Nord de l'Indochine.
1° Nature du sol	Terrains fertiles argileux, argilo-sableux, rocheux, pente des montagnes.
2° Humidité du sol	Assez frais.
3° Profondeur	Assez profond.
4° Sous-sol	Rocheux.
B. — Station	
1° Humidité atmosphérique .	Humide.
2° Exposition	Indifférent.
3° Zones d'altitudes	Hautes et moyennes altitudes.

C. — TEMPÉRAMENT

1° Rusticité du sujet .... Essence exigeante.
2° Eclairement .... Essence de lumière.
3° Couvert .... Assez épais.

D. — CARACTÈRES SPÉCIFIQUES

1° Enracinement .... Pivotant.
2° Croissance .... Assez rapide.
3° Floraison .... Avril.
4° Fructification .... Octobre.
5° Longévité .... Très longévif.

E. — ALLURES FORESTIÈRES

1° Taille et port .... Grand arbre atteignant 30 m. en montagne, houppier étalé assez fourni.
2° Aptitude au mélange .... Vient en mélange ou en petits groupes dans les forêts de montagne.
3° Tendances envahissantes.. Pas envahissant.
4° Traitements appropriés .. Futaie jardinée.

IV. Fiche technologique *Giôi*.

A. — CARACTÈRES PHYSIQUES

1° *Dureté et densité.* — Bois tendre et léger.

Dureté		2.2
Cote de dureté	$\frac{N}{D^2}$	6.2
Poids spécifique à 15 % d'eau	D	0.59
Hygroscopicité à l'air	d	0.0032

2° Rétractibilité. — Bois à retrait plutôt faible et moyennement nerveux. Doit pouvoir se dérouler facilement.

Retrait	B	10.2
Coefficient de rétractibilité	V	0.45
Point de saturation à l'air	S	22

B. — CARACTÈRES MÉCANIQUES

1° *Compression axiale.* — Bois classé dans la catégorie supérieure des feuillus tendres pour sa résistance à la compression axiale.

Résistance par c. m. q. à la compression.	C	=	570 kg
Cote statique	$\frac{C}{100\ D}$	=	9.5
Cote spécifique	$\frac{C}{100\ D^2}$	=	15.8
Tenue à l'humidité	e	=	2 %

2° *Flexion statique.* — Bois flexible et élastique assez tenace.

Cote de flexion	$\frac{F}{100\ D}$	22.4
Cote de tenacité	$\frac{F}{C}$	2.3
Cote de raideur	$\frac{L}{f}$	27

3° *Résistance au choc.* — Bois moyennement résilient, qui peut être employé pour la carrosserie ou la décoration de wagons.

Cote dynamique	$\frac{k}{D^2}$	1.03

4° *Cohésion transversale* :

Fendage fissilité moyenne	$\frac{Fend}{100\ D}$	0.28

5° *Traction perpendiculaire* :

L'adhésion des fibres est moyenne	$\frac{Trac}{100\ D}$	0.42

C. — ASPECT ET USAGES. — Aubier et cœur non distincts, bois jaune ou grisâtre, à grain très fin, aspect soyeux, légèrement aromatique, imputrescible, n'est pas attaqué par les insectes, facile à travailler, se polit bien, prend bien le vernis et la laque. Bois de charpente, de menuiserie, d'ébénisterie et de sculpture. Très estimé par les indigènes.

XIV GỘI

Nom commercial de l'essence forestière	Gỗi
Prononciation	*Gauille*.
Genre et famille. — Nom de l'espèce ou des espèces botaniques	AGLAIA GIGANTEA Pellegrin ET DIVERS (*Méliacées*).
Synonymie locale	Bang-Kheon (Cambodge), Pha-May (Sonla) ;
Diverses variétés	*Bangue Khéou, fa maille*. Gỗi mật, gỗi nếp, gội bằng súng, gỗi đá, gỗi té.

I. Caractères généraux.

Arbre atteignant 25 m. sous branches sur 1 m. de diamètre à tronc cylindrique à contreforts très puissants, notamment dans les terrains argileux mouilleux ; écorce grise épaisse, très crevassée. Se rencontre disséminé dans toutes les forêts des moyennes et hautes régions de l'Indochine. Essence à croissance rapide.

II. Fiche floristique.

Voir *Flore de l'Indochine*, par H. Lecomte, tome I, page 769

III. Fiche écologique.

A. — Habitat

1° Nature du sol	Toute l'Indochine. Terrains argileux ou rocailleux assez riches (montagnes).
2° Humidité du sol	Humides.
3° Profondeur	Profonds.
4° Sous-sol	Meuble.

B. — Station

1° Humidité atmosphérique .	Humide.
2° Exposition	Indifférent.
3° Zones d'altitudes	Toutes altitudes.

C. — TEMPÉRAMENT

1° Rusticité du sujet	Essence exigeante.
2° Eclairement	Essence de lumière.
3° Couvert	Epais.

D. — CARACTÈRES SPÉCIFIQUES

1° Enracinement	Puissant souvent pivotant.
2° Croissance	Assez rapide.
3° Floraison	Janvier à avril.
4° Fructification	Avril à septembre.
5° Longévité	Très longévif.

E. — ALLURES FORESTIÈRES

1° Taille et port	Grands et beaux arbres à tronc droit atteignant 40 m, houppier très développé et très fourni.
2° Aptitude au mélange	Vient en mélange.
3° Traitements appropriés ..	Futaie jardinée.

IV. — Fiche technologique (*Gôi*).

A. — CARACTÈRES PHYSIQUES

1° *Dureté et densité.* — Bois mi-dur et mi-lourd.

Dureté		3.7
Cote de dureté	$\frac{N}{D^2}$	7.2
Poids spécifique à 15 % d'eau	D	0.7
Hygroscopicité à l'air	d	0.0034

2° *Rétractibilité.* — Bois à retrait moyen et assez nerveux qui peut s'employer très bien en menuiserie lorsqu'il est étuvé.

Retrait	R	13.5
Coefficient de rétractibilité	v	0.53
Point de saturation à l'air	S	26

B. — Caractères mécaniques

1° *Compression axiale.* — Bois classé dans la catégorie moyenne des feuillus mi-durs pour sa résistance à la compression.

Résistance par c. m. q. à la compression	C =	530
Cote statique	$\frac{C}{100\,D}$ =	7.4
Cote spécifique	$\frac{C}{100\,D^2}$ =	10.3
Tenue à l'humidité	c =	3

2° *Flexion statique.* — Bois élastique et assez flexible, tenacité moyenne.

Cote de flexion	$\frac{F}{100\,D}$	17.3
Cote de tenacité	$\frac{F}{C}$	2.3
Cote de raideur	$\frac{L}{f}$ =	29

3° *Résistance au choc.* — Résiste assez bien aux chocs.

Cote dynamique	$\frac{k}{D^2}$	0.82

4° *Cohésion transversale :*

Fendage. — Bois peu fissile	$\frac{Fend}{100\,D}$	0.31

5° *Traction perpendiculaire :*

L'adhésion des fibres. — Très forte	$\frac{Trac}{100\,D}$	0.47

C. — Aspect et usages. — Aubier rose pâle, mince, cœur rosé ou rougeâtre suivant espèces, brunissant à la lumière, à grain fin, à fibres légèrement ondulées et bien liées ; ne résiste pas aux insectes ni aux intempéries, se travaille bien, se polit facilement. Bois de charpente, menuiserie, placage ; on l'utilise en Indochine pour la fabrication des crosses de fusil. A l'employer après étuvage et séchage.

XV — GỤ

Nom commercial de l'essence forestière	Gụ.
Prononciation	Gou.
Genre et famille. — Nom de l'espèce ou des espèces botaniques	SINDORA COCHINCHINENSIS : H. *Baill.* ; A. *Chevalier. Légum. caes.*
Synonymie locale	Gụ (Sud Indochine), Krakas (Cambodge), tê (Laos). *(Gou tê)*, *(Krakasse)*.
Diverses variétés	Gụ lau, Gụ mật, Gụ sừng, Gụ mước.

I. Caractères généraux.

Grand arbre atteignant 20 m. sous branches, et 0,80 à 1 m. de diamètre, à tronc cylindrique, contreforts étroits, peu élevés ; écorce vert foncé, Tachetée de gris et de noir, craquelée et peu épaisse.

II. Fiche floristique.

Voir *Flore de l'Indochine*, par H. LECOMTE, tome II, page 213.

III. Fiche écologique.

A. HABITAT	Toute l'Indochine.
1° Nature du sol	Sols argileux, argilo-sableux.
2° Humidité du sol	Humides ou frais.
3° Profondeur	Profonds ou moyennement profonds.
4° Sous-sol	Indifférent.
B. STATION	
1° Humidité atmosphérique	Humide.
2° Eclairement	Indifférent.
3° Zones d'altitudes	Moyennes altitudes.

C. — TEMPÉRAMENT

1° Rusticité du sujet	Essence assez exigeante, résistante.
2° Eclairement	Essence de lumière.
3° Couvert	Moyennement épais.

D. — CARACTÈRES SPÉCIFIQUES

1° Enracinement	Puissant, souvent pivotant.
2° Croissance	Lente.
3° Floraison	Mars à mai.
4° Fructification	Août à octobre.
5° Longévité	Très longévif.

E. — ALLURES FORESTIÈRES

1° Taille et port	Arbre atteignant 30 à 35 m. dans le Sud ; tronc droit, houppier bien fourni, étalé.
2° Aptitude au mélange	En mélange avec toutes essences.
3° Traitements appropriés ..	Futaie jardinée.

IV. — Fiche technologique (Gu)

A. — CARACTÈRES PHYSIQUES

1° *Dureté et densité.* — Bois dur et lourd.

Dureté		7.9
Cote de dureté	$\frac{N}{D^2}$	9.4
Poids spécifique à 15 % d'eau	D	0.89
Hygroscopicité à l'air	d	0.0054

2° *Rétractibilité.* — Bois à retrait moyen, dont les grumes peuvent être employées comme colonnes dans les pagodes. Bien séché il travaille peu d'où son emploi en menuiserie fine et ébénisterie. Son point de saturation bas lui donne une bonne tenue à l'humidité.

Retrait	B	9.6
Coefficient de rétractibilité	V	0.41
Point de saturation à l'air	S	23

B) CARACTÈRES MÉCANIQUES

1° *Compression axiale.* — Pour sa résistance à la compression, il se classe dans la catégorie supérieure des feuillus durs.

Résistance par c. m. q. à la compression.	C	704
Cote statique	$\frac{C}{100\ D}$	7.7
Cote spécifique	$\frac{C}{100\ D^2}$	8.4
Tenue à l'humidité	c	0

2° *Flexion statique.* — Ce bois résiste assez bien à la flexion. Bien qu'assez tenace, et moyennement raide, ses emplois comme bois de service et de construction n'ont pas à être envisagés en raison de son prix.

Cote de flexion	$\frac{F}{100\ D}$	17.7
Cote de tenacité	$\frac{F}{C}$	2.2
Cote de raideur	$\frac{L}{f}$	34

3° *Résistance au choc.* — Bois cassant, mais dans son emploi normal en ébénisterie, on n'a guère à se préoccuper de ce défaut.

Cote dynamique	$\frac{k}{D^2}$	0.43

4° *Cohésion transversale :*

Fendage. — Moyennement fissile	$\frac{Fend}{100\ D}$	0.21

5° *Traction perpendiculaire :*

L'adhésion des fibres est moyenne	$\frac{Trac}{100\ D}$	0.30

C. — ASPECT ET USAGES. — Aubier blanchâtre peu épais, se détachant facilement du bois de cœur. Bois rose veiné de brun, brunissant rapidement à la lumière, à grain fin résistant indéfiniment aux intempéries, n'est pas attaqué par les termites, attaqué par les tarets. C'est un des 4 « bois de fer » des indigènes. Bois d'ébénisterie et de menuiserie fine, tour, sculpture, se polit admirablement et prend par le frottement une teinte noir brillant avec reflets dorés et brun rougeâtre. Dessiccation facile et parfaite, sans retrait et sans échauffement.

XVI — HOBI

Nom commercial de l'essence forestière	Hobi.
Prononciation	*Hobi.*
Genre et famille. — Nom de l'espèce ou des espèces botaniques	PAHUDIA COCHINCHINENSIS (*Légum. Caes.*).
Synonymie locale	Go-ca-te (Cochinchine), Beng (Cambodge ;
	Gor-ca-tè. *Baingue.*
Diverses variétés	Go xiem.

I. — Caractères généraux.

Arbre atteignant 20 m. sous branches, tronc cylindrique, empattement prononcé, fournit des loupes très recherchées, écorce lisse, gris argent ou verdâtre, pustuleuse. Disséminé.

II. — Fiche floristique.

Voir *Flore de l'Indochine*, par H. Lecomte, tome II, page 216.

III. — Fiche écologique.

A. — Habitat	Sud de l'Indochine.
1° Nature du sol	Argilo-silicieux, terres brunes, terres rouges.
2° Humidité du sol	Frais.
3° Profondeur	Assez profond.
4° Sous-sol	Indifférent, se rencontre sur des terrains à sous-sol rocheux.
B. — Station	
1° Humidité atmosphérique .	Humide.
2° Exposition	Indifférent.
3° Zones d'altitudes	Depuis 100 m. jusqu'à 1.000 m.

C. — Tempérament

1° Rusticité du sujet	Rustique.
2° Eclairement	Essence de lumière.
3° Couvert	Clair.

D. — Caractères spécifiques

1° Enracinement	Traçant ou mixte.
2° Croissance	Lente.
3° Floraison	Mars à mai.
4° Fructification	Septembre à novembre.
5° Longévité	Très longévif.
6° Qualité ou défauts particuliers	Rejette de souche, drageonne faiblement.

E. — Allures forestières

1° Taille et port	Arbre atteignant 30 m. à tronc cylindrique, houppier étalé en parasol, peu fourni.
2° Aptitude au mélange	Vient en mélange.
3° Tendances envahissantes..	Pas envahissant.
4° Traitements appropriés ..	Futaie jardinée.

IV. — Fiche technologique (*Ho-Bo*).

A. — Caractères physiques (Bois dur et mi-lourd)

Dureté		7.1
Cote de dureté	$\frac{N}{D^2}$	8.9
Poids spécifique à 15 % d'eau	D	0.90
Hygroscopicité à l'air	d	0.0069

2° *Rétractibilité.* — Bois à faible retrait, donc très apprécié en menuiserie car il ne travaille pas. Peu nerveux il peut facilement être conservé en grume et être déroulé pour le placage.

Retrait	B	=	8.8
Coefficient de rétractibilité	V	=	0,22
Point de saturation à l'air	S	=	39 %

B. — CARACTÈRES MÉCANIQUES

1° *Compression axiale.* — Se classe dans la catégorie supérieure des feuillus durs pour sa résistance à la compression.

Résistance par c. m. q. à la compression	C	=	752
Cote statique	$\frac{C}{100\ D}$	=	8.4
Cote spécifique	$\frac{C}{100\ D^2}$	=	9.4
Tenue à l'humidité	c	=	3 %

2° *Flexion statique.* — Assez flexible, moyennement tenace et assez raide.

Cote de flexion	$\frac{F}{100\ D}$	=	15.6
Cote de tenacité	$\frac{F}{C}$	=	2
Cote de raideur	$\frac{L}{f}$	=	35

3° *Résistance au choc.* — Bois cassant :

Cote dynamique	$\frac{k}{D^2}$	=	0.4

4° *Cohésion transversale :*

Fendage. — Bois très fissile	$\frac{Fend}{100\ D}$	=	0.17

5° *Traction perpendiculaire :*

L'adhésion des fibres. — Moyenne	$\frac{Trac}{100\ D}$	=	0.38

C. — ASPECT ET USAGES. — Aubier grisâtre épais de 5 cm. cœur rougeâtre acajou à grain fin, résistant indéfiniment aux intempéries et aux insectes se travaillant très bien, bois très estimé. Il paraît exister plusieurs variétés de cette espèce qui est répandue dans les forêts du Sud-Indochinois. Bois d'ébénisterie et de menuiserie fine, tour, sculpture.

XVII — HOANG LINH

Nom commercial de l'essence forestière	Hoang-Linh.
Prononciation	*Hoangue ligne.*
Genre et famille. — Nom de l'espèce ou des espèces botaniques	PELTOPHORUM DASYRACHIS (*Légumineuses Caes*).
Synonymie locale	Lim-vàng (T), Trasek (Cambodge) ; *Lime vangué*), (*Trasèque*).

I. — Caractères généraux.

Arbre court atteignant 10 m. sous branches sur 0,60, à tronc cylindrique, empattement prononcé, écorce gris jaunâtre, épaisse, fissurée transversalement. Disséminé dans les forêts d'altitude moyenne.

II. — Fiche floristique.

Voir *Flore de l'Indochine*, par H. Lecomte, tome II, page 191.

III. — Fiche écologique.

A. — Habitat	Toute l'Indochine.
1° Nature du sol	Terrains argileux, argilo-calcaires ou argilo siliceux.
2° Humidité du sol	Humides.
3° Profondeur	Profonds.
4° Sous-sol	Perméable.
B. — Station	
1° Humidité atmosphérique .	Humide.
2° Exposition	Indifférent.
3° Zones d'altitudes	Moyennes altitudes.

C. — TEMPÉRAMENT

1° Rusticité du sujet	Rustique.
2° Eclairement	Réclame le couvert pendant son jeune âge.
3° Couvert	Léger.

D. — CARACTÈRES SPÉCIFIQUES

1° Enracinement	Pivotant.
2° Croissance	Assez rapide.
3° Floraison	Avril-mai.
4° Fructification	Septembre-octobre.
5° Longévité	Très longévif.

E. — ALLURES FORESTIÈRES

1° Taille et port	Arbre atteignant 20 à 30 m. tronc droit, houppier assez fourni.
2° Aptitude au mélange	Vient en mélange avec toutes essences.
3° Tendances envahissantes..	Pas envahissant.
4° Traitements appropriés ..	Futaie jardinée.

IV. — Fiche technologique (*Hoàng Linh*).

A. — CARACTÈRES PHYSIQUES

1° *Dureté et densité.* — Bois tendre et plutôt léger.

Dureté			2.4
Cote de dureté	$\frac{N}{D^2}$	=	6.6
Poids spécifique à 15 % d'eau	D	=	0.57
Hygroscopicité à l'air	d	=	0.0029

2° *Rétractibilité.* — Bois à retrait moyen et moyennement nerveux.

Retrait	B	=	12.2
Coefficient de rétractibilité	V	=	0.48
Point de saturation à l'air	S	=	25

B. — Caractères mécaniques

1° *Compression axiale.* — Bois classé dans la catégorie moyenne des feuillus tendres pour sa résistance à la compression.

Résistance par c. m. q. à la compression.	C	433 kg.
Cote statique	$\frac{C}{100\ D}$ =	7.2
Cote spécifique	$\frac{C}{100\ D^2}$	12
Tenue à l'humidité	c =	4

2° *Flexion statique.* — Bois assez tenace, élastique et assez flexible.

Cote de flexion	$\frac{F}{100\ D}$	19.3
Cote de tenacité	$\frac{F}{C}$	2.6
Cote de raideur	$\frac{L}{f}$ =	26

3° *Résistance au choc.* — Ce bois résiste convenablement aux chocs.

Cote dynamique	$\frac{k}{D^2}$	1.03

4° *Cohésion transversale :*

Fendage fissilité. — Moyenne	$\frac{Fend}{100\ D}$	0.28

5° *Traction perpendiculaire :*

L'adhésion des fibres. — Moyenne	$\frac{Trac}{100\ D}$	0.34

C. — Aspect et usages. — Aubier grisâtre, très épais, cœur rosé acajou pâle brunit en vieillissant, grain assez fin, ne résiste pas aux insectes ni aux intempéries, facile à travailler. Bois de charpente et de menuiserie de 2° ordre, caissage.

XVIII HUỲNH

Nom commercial de l'essence forestière	HUYNH.
Prononciation	*Huigne.*
Genre et famille. — Nom de l'espèce ou des espèces botaniques	TARRIETIA COCHINCHINENSIS (*Sterculiacées*).
Synonymie locale	Spons ou Bey-Sanlek (Cambodge), Nhom (Laos) ; *Sponsse ou Bé Sanlèque Gnomme.*

I. Caractères généraux.

Grand arbre atteignant 20 m. sous branches et 1 m. de diamètre, tronc cylindrique, remarquable par les contreforts puissants, hauts de 3 m. larges de 2 m. et donnant un bois supérieur à celui du tronc, ces contreforts sont d'ailleurs exploités par les indigènes qui en font les roues de charrettes d'une seule pièce sans que cette exploitation partielle semble gêner la croissance et la vie de l'arbre. Essence disséminée à croissance rapide.

II. Fiche floristique.

Voir *Flore de l'Indochine*, par H. Lecomte, tome I, page 482.

III. Fiche écologique.

A. — Habitat	Sud de l'Indochine.
1° Nature du sol	Tous les sols assez riches.
2° Humidité du sol	Frais.
3° Profondeur	Assez profonds.
4° Sous-sol	Meuble.
B. — Station	
1° Humidité atmosphérique .	Humide.
2° Exposition	Indifférent.
3° Zones d'altitudes	Moyennes altitudes.

C. — Tempérament

1° Rusticité du sujet .... Essence exigeante.
2° Eclairement .... Essence de lumière.
3° Couvert .... Moyen.

D. — Caractères spécifiques

1° Enracinement .... Pivotant.
2° Croissance .... Rapide.
3° Floraison .... Avril à juin.
4° Fructification .... Juin à août.
5° Longévité .... Très longévif.

E. — Allures forestières

1° Taille et port .... Grand arbre atteignant 30 à 40 mètres, tronc très droit, houppier assez fourni.
2° Aptitude au mélange .... Vient en mélange avec toutes essences.
3° Tendances envahissantes. Disséminé.
4° Traitements appropriés .. Futaie jardinée.

IV. — Fiche technologique *Huyeh*

A. — Caractères physiques :

1° *Dureté et densité.* Bois mi-lourd et tendre.

Dureté		2.7
Cote de dureté	$\frac{N}{D^2}$	6.1
Poids spécifique à 15 % d'eau	D	0.65
Hygroscopicité à l'air	d	0.0036

2° *Rétractibilité.* — Bois à retrait moyen qui peut être conservé à l'état de grume : bien que moyennement nerveux son grain fin et la facilité avec laquelle il se travaille le font rechercher pour la menuiserie. Résiste bien à l'humidité.

Retrait	B	11.6
Coefficient de rétractibilité	V	0.45
Point de saturation à l'air	S	26

B. — CARACTÈRES MÉCANIQUES :

1° *Compression axiale.* — Sa résistance à la compression forte par rapport à sa densité plus faible, le fait classer dans la catégorie supérieure des feuillus mi-lourds.

Résistance par c. m. q. à la compression.	C	562
Cote statique	$\frac{C}{100\,D}$	8.6
Cote spécifique	$\frac{C}{100\,D^2}$	13.6
Tenue à l'humidité	c =	3

2° *Flexion statique.* — Bois flexible, assez tenace et élastique.

Cote de flexion	$\frac{F}{100\,D}$	21.8
Cote de tenacité	$\frac{F}{C}$	2.6
Cote de raideur	$\frac{L}{f}$	23

3° *Résistance au choc.* — Moyennement résilient, ce bois peut être employé à l'aménagement intérieur des wagons et pour la carrosserie en général.

Cote dynamique	$\frac{k}{D^2}$	1.10

4° *Cohésion transversale :*

Fendage. — Moyennement fissile	$\frac{Fend}{100\,D}$	0.25

5° *Traction perpendiculaire :*

L'adhésion des fibres. — Moyenne	$\frac{Trac}{100\,D}$	0.43

C. — ASPECT ET USAGES. — Aubier gris rosé, assez épais ; cœur rouge, fibreux, canaux larges remplis de tannin, au premier aspect, ressemble au Dâu mais à grain plus fin, fibres plus serrées. Bois de consistance lâche ne résistant ni aux insectes, ni aux intempéries. Joli d'aspect, facile à travailler, prend bien le vernis. Menuiserie, ébénisterie, carrosserie, batellerie de rivière.

KIÊN KIÊN

Nom commercial de l'essence forestière .... Kiên-Kiên.

Prononciation .... *Kiéenne-Kiéenne.*

Genre et famille. — Nom de l'espèce ou des espèces botaniques .... HOPEA PIERREI (*Diptérocarpées*).

Synonymie locale .... Koki-tsat (Cambodge) : *Koki-tsatte.*

I. — Caractères généraux.

Grand arbre atteignant 20 m. sous branches, tronc droit irrégulier, racines adventives aériennes très puissantes lui donnant l'aspect d'une rhyzophoracée géante, écorce mince, grise très fibreuse. Vient en peuplements purs. Abondant dans le Centre et Sud-Annam.

II. — Fiche floristique.

Voir *Flore de l'Indochine*, par H. Lecomte, tome I, page 372.

III. — Fiche écologique.

A. — Habitat .... Centre-Annam.

1° Nature du sol .... Sol assez fertile.
2° Humidité du sol .... Frais.
3° Profondeur .... Assez profond.
4° Sous-sol .... Rocheux, granitique ferrugineux.

B. — Station

1° Humidité atmosphérique ...... Humide.
2° Exposition .... Indifférent.
3° Zones d'altitudes .... Montagne.

C — Tempérament

1° Rusticité du sujet	Rustique.
2° Eclairement	Réclame un abri pendant son jeune âge.
3° Couvert	Assez épais.

D — Caractères spécifiques

1° Enracinement	Pivotant.
2° Croissance	Assez rapide.
3° Floraison	Mars-avril.
4° Fructification	Juin-juillet.
5° Longévité	Très longévif.

E. — Allures forestières

1° Taille et port	Tronc droit, arbre atteignant 30 m houppier en dôme pas très fourni
2° Aptitude au mélange	Forme très souvent des peuplements purs notamment dans le Centre Annam. Vient aussi en mélange.
3° Tendances envahissantes..	
4° Traitements appropriés ..	Futaie jardinée.

Aspect et usages. — Bois dense (0,900) dur, aubier mince, jaune clair, cœur jaune paille brunissant rapidement, à grain fin, résistant aux intempéries et aux insectes. Se travaillant bien. Bois de service et de construction. Secrète une résine odorante employée pour la confection des torches et le calfatage des barques.

LÁT

Nom commercial de l'essence forestière	LAT.
Prononciation	*Latte.*
Genre et famille. — Nom de l'espèce ou des espèces botaniques	CHUKRASIA (*Méliacées*).
Synonymie locale	Giam (Sonla), Giâm (Tho), Chua Khét Sâng mông (M). *Jiamme, Jeume Tchoua K'hète Seangue mongue*.
Diverses variétés	Lát hoa, Lát gia đồng.

I. — Caractères généraux.

Arbre atteignant 15 m. sous branches et 0 m. 90 de diamètre, tronc cylindrique, empattement prononcé, écorce d'un brun roux, fendillée en long, dure et compacte, épaisse de 12 m/m. Disséminé en forêt de montagnes.

II. — Fiche floristique.

Voir *Flore de l'Indochine*, par H. LECOMTE, tome I, page 789.

III. — Fiche écologique.

A. — HABITAT	Nord de l'Indochine.
1° Nature du sol	Terrains rocheux, argileux, argilo-sableux ou calcaires.
2° Humidité du sol	Assez humide.
3° Profondeur	Assez profond.

B. — Station

1° Humidité atmosphérique .	Humide.
2° Exposition	Indifférent.
3° Zones d'altitudes	Hautes et moyennes altitudes.

C. — Tempérament

1° Rusticité du sujet	Rustique.
2° Eclairement	Essence de lumière.
3° Couvert	Peu épais.

D. — Caractères spécifiques

1° Enracinement	Mixte, puissant.
2° Croissance	Lente.
3° Floraison	Juin-juillet.
4° Fructification	Septembre-octobre.
5° Longévité	Très longévif.

B. — Station

1° Taille et port	Arbre atteignant 20 à 25 mètres, droit houppier large assez fourni.
2° Aptitude au mélange	Vient en mélange avec toutes essences.
3° Traitements appropriés ..	Futaie jardinée.

Aspect et usages. — Bois moyennement dense (0.750 à 0.800) demi dur, aubier rosé clair, assez épais, cœur rosé, rougeâtre à reflets satinés cuivrés, à grain fin, bien maillé et moiré, résistant assez longtemps aux insectes et aux intempéries, se travaillant bien. Bois de menuiserie fine et d'ébénisterie pouvant être employé pour le placage.

LAU TAU

Nom commercial de l'essence forestière	Lau-Tau.
Prononciation	*Laou-Taou.*
Genre et famille. — Nom de l'espèce ou des espèces botaniques	VATICA ASTROTRICHA (*Diptérocarpées*).
Synonymie locale	Chramas (Cambodge), Chick deng (Laos). *Kramasse, tchique dingue.*
Diverses variétés	Lau tau xanh, Lau tau trắng, Lau tau núi.

I. — Caractères généraux.

Arbre atteignant 15 m. sous branches à tronc droit cylindrique, empattement peu prononcé, écorce jaunâtre lisse, essence groupée en forêt, croissance rapide.

II. — Fiche floristique.

Voir *Flore de l'Indochine*, par H. Lecomte, tome I, page 391

Aspect et usages. — Bois dense (1,000) dur à aubier épais, blanchâtre, inutilisable, bois de cœur d'un blanc crèmeux au moment de l'abatage devient marron et très dur en vieillissant, résistant aux insectes, sauf aux tarets, aux intempéries et à l'eau ; facile à travailler. Bois de charpente et de grande construction, pieux pour appontements, traverses de chemin de fer. L'arbre secrète une gomme résine estimée employée pour la fabrication de vernis.

XIX — LIM

Nom commercial de l'essence forestière	LIM.
Prononciation	*Limme.*
Genre et famille. — Nom de l'espèce ou des espèces botaniques	ERYTHROPHLAEUM FORDII (*Légumeuses Cacs*).
Synonymie locale	Liem (Annam), Tone (Laos). *Liécmme, Tone.*

I. — Caractères généraux.

Grand arbre atteignant 25 m. sous branches à tronc droit cylindrique, empattement puissant, contreforts de 1 m. 50 de haut et de 0 m. 50 de large, écorce épaisse, roussâtre, verruqueuse, parsemée de lenticelles. Disséminé ou par groupes dans les forêts des basses et moyennes altitudes de Tonkin et du Nord-Annam. Croissance très lente.

II. — Fiche floristique.

Voir *Flore de l'Indochine*, par H. LECOMTE, tome II, page 117

III. — Fiche écologique.

A. — HABITAT	Nord de l'Indochine.
1° Nature du sol	Argileux, argilo-sableux
2° Humidité du sol	Assez frais.
3° Profondeur	Profond.
4° Sous-sol	Perméable.
B. — STATION	
1° Humidité atmosphérique .	Humide.
2° Exposition	Indifférent.
3° Zones d'altitudes	Depuis la plaine non inondée jusqu'à 1.000 m.

C. — Tempérament

1° Rusticité du sujet	Essence rustique.
2° Eclairement	Essence exigeant un abri élevé pendant son jeune âge.
3° Couvert	Assez épais.

D. — Caractères spécifiques

1° Enracinement	Puissant, traçant et pivotant.
2° Croissance	Lente.
3° Floraison	Avril-mai.
4° Fructification	Septembre-octobre abondante.
5° Longévité	Très grande.

E. — Allures forestières

1° Taille et port	Tronc très droit, arbre atteignant 30 mètres, houppier en dôme très fourni.
2° Aptitude au mélange	Vient en mélange avec toutes essences de valeur : Táu, Sên, Gõi, se comporte également bien en peuplements purs.
3° Tendances envahissantes..	Peu envahissante.
4° Traitements appropriés ..	Futaie.

IV. Fiche technologique *Lim*.

A. — Caractères physiques :

Bois très dur et très lourd

Dureté		18
Cote de dureté	$\frac{N}{D^2}$	19.2
Poids spécifique à 15 % d'eau	D	0,98
Hygroscopicité à l'air	d	0,0040

2° *Rétractibilité.* — Bien que nerveux ce bois peut être employé en menuiserie à cause de sa rétractibilité plutôt faible ; mais il est bien plus indiqué comme bois de service et de construction.

Retrait	R	10.2
Coefficient de rétractibilité	V	0.59
Point de saturation à l'air	S	17

B. — Caractères mécaniques :

1° *Compression axiale.* — Bois classé dans la catégorie supérieure des feuillus très durs pour sa résistance à la compression axiale.

Résistance par c. m. q. à la compression. $C = 837$

Cote statique .... $\frac{C}{100\ D} = 8.7$

Cote spécifique .... $\frac{C}{100\ D^2} = 8.9$

Tenue à l'humidité .... $c = 7$

2° *Flexion statique.* — Moyennement tenace, et assez flexible ; sa cote de raideur moyenne indique un bois de charpente.

Cote de flexion .... $\frac{F}{100\ D} = 20.00$

Cote de tenacité .... $\frac{F}{C} = 2.3$

Cote de raideur .... $\frac{L}{f} = 27$

3° *Résistance au choc.* — Quoique résistant convenablement aux chocs, sa densité très forte le fait ranger dans la catégorie des bois cassants.

Cote dynamique .... $\frac{k}{D^2} = 0.42$

4° *Cohésion transversale :*

Fendage fissilité moyenne .... $\frac{Fend}{100\ D} = 0.27$

5° *Traction perpendiculaire :*

L'adhésion des fibres. — Moyenne ...... $\frac{Trac}{100\ D} = 0.34$

C. — Aspect et usages. — Aubier grisâtre, assez épais, cœur verdâtre lorsque l'arbre est fraîchement abattu, brunit rapidement et devient brun rouge, grain assez grossier, fibres ondulées, résistant indéfiniment aux insectes et aux intempéries, imputrescible, c'est un des 4 bois de fer des indigènes ; dessiccation lente et régulière ; assez difficile à travailler, repousse la pointe, ronge les métaux. Bois de charpente et de grande construction, traverses de chemin de fer, wagons, pavage en bois, menuiserie : très estimé, très recherché.

XXI — MỠ VÀNG TÂM

Nom commercial de l'essence forestière	Mo Vang Tam.
Prononciation	*Meu Vangue-teume.*
Genre et famille. — Nom de l'espèce ou des espèces botaniques	MANGLIETIA (*Magnoliacées*).
Synonymie locale	May-hương-khôm (Sonla), vàng-tâm (*Maille huongue khomme, vangue teume*).

I. — Caractères généraux.

Arbre atteignant 20 m. et 0 m. 60 de diamètre, à tronc cylindrique, très régulier, à faible décroissance, empattement faible, écorce grise, presque lisse. Essence à croissance rapide, venant en peuplements purs, quelquefois, planté par les indigènes sur les terrains incultes de la région de Phu-Tho (Tonkin).

II. — Fiche floristique.

Voir *Flore de l'Indochine*, par H. Lecomte, tome I, page 35.

III. — Fiche écologique.

A. — Habitat	Nord de l'Indochine.
1° Nature du sol	Terrains argileux, fertiles (Terrains accidentés).
2° Humidité du sol	Frais.
3° Profondeur	Assez profond.
4° Sous-sol	Meuble.
B. — Station	
1° Humidité atmosphérique .	
2° Exposition	Indifférent.
3° Zones d'altitudes	Moyennes altitudes.
C. — Tempérament	
1° Rusticité du sujet	Essence assez exigeante, assez délicate.
2° Éclairement	Essence de lumière.
3° Couvert	Assez épais.

D. — CARACTÈRES SPÉCIFIQUES :

1° Enracinement	Pivotant, profond et puissant.
2° Croissance	Rapide en sol fertile.
3° Floraison	Février.
4° Fructification	Juillet.
5° Longévité	Moyenne.

E. — ALLURES FORESTIÈRES :

1° Taille et port	Arbre atteignant 30 m, très droit, houppier régulier, bien fourni.
2° Aptitude au mélange	Forme très souvent des peuplements purs.
3° Tendances envahissantes.	Peu envahissant.
4° Traitements appropriés ..	Futaie jardinée.

IV. — Fiche technologique (*Mỡ Vàng Tâm*).

A. — CARACTÈRES PHYSIQUES :

1° *Dureté et densité* :

Bois très tendre et très léger comparable au peuplier.

Dureté		1,3
Cote de dureté	$\frac{N}{D^2}$	5,9
Poids spécifique à 15 % d'eau	D	0,46
Hygroscopicité à l'air	d	0,0028

2° *Rétractibilité*. — Bois à retrait moyen, dont les grumes ne présentant que de fentes moyennes peuvent être conservées en bois de mine, poteaux, et à la rigueur peuvent être déroulées. Il est moyennement nerveux et devra être employé de préférence comme bois de service et de construction.

Son point de saturation est relativement bas, ce qui lui donne une bonne tenue à l'humidité.

Retrait	B	= 16,8 %
Coefficient de rétractibilité	V	0,40
Point de saturation à l'air	S	= 27 %

B. — Caractères mécaniques :

1° *Compression axiale.* — Ce bois offre une résistance à la compression élevée par rapport à sa densité faible. Il se classe à ce point de vue dans la catégorie supérieure des feuillus tendres.

Résistance par c. m. q. à la compression.	C	= 413 kg.
Cote statique	$\frac{C}{100 D}$	8.9
Cote spécifique	$\frac{C}{100 D^2}$	19.3
Tenue à l'humidité	C	6 %

2° *Flexion statique.* — La cote de flexion forte, indique un bois résistant bien à la flexion et à la traction axiale. C'est un bois moyennement tenace et moyennement raide, qui peut être utilisé pour la charpente.

Cote de flexion	$\frac{F}{100 D}$	20.6
Cote de tenacité	$\frac{F}{C}$	2.3
Cote de raideur	$\frac{L}{f}$	30

3° *Résistance au choc.* — Moyennement résilient, ce bois résiste assez bien au choc et on pourra l'utiliser pour les emplois soumis aux chocs et vibrations.

Cote dynamique	$\frac{k}{D^2}$	1.14

4° *Cohésion transversale :*

Fendage. — Moyennement fissile	$\frac{Fend}{100 D}$	0.25

5° *Traction perpendiculaire :*

L'adhésion des fibres. — Moyenne	$\frac{Trac}{100 D}$	0.45

C. — Aspect et usages. — Aubier jaune clair ou grisâtre, épais, cœur jaune, lavé de vert, grain très fin, à reflets satinés légèrement aromatique, résistant aux insectes, facile à travailler, prend bien la laque ; très estimé des indigènes qui l'emploient à tous les usages ; sculpture, ébénisterie, menuiserie, charpente.

XXII — MUÔNG

Nom commercial de l'essence forestière	MUONG.
Prononciation	*Mouongue.*
Genre et famille. — Nom de l'espèce ou des espèces botaniques	CASSIA (*Légumineuses Caesalpinées*).
Synonymie locale	Ngay sanh (K), Khi lêch (L.) ; (*Ng'aille sagne*). (*Khi lèque*).
Diverses variétés	Muông xoan, muông đỏ, Muông ta.

I. — Caractères généraux.

Arbre généralement court (8 à 10 m. sous branches sur 0.60 de diamètre) à tronc cylindrique, empattement assez prononcé, écorce grise, épaisse. Essence à croissance rapide abondante dans la forêt de la moyenne région du Tonkin. Vient disséminée ou par petits groupes.

II. — Fiche floristique.

Voir *Flore de l'Indochine*, par H. LECOMTE, tome II, page 164.

III. — Fiche écologique.

A. HABITAT

1° Nature du sol	Tonkin et Nord-Annam.
2° Humidité du sol	Tous terrains.
3° Profondeur	Assez frais.
4° Sous-sol	Assez profonds.

B. — Station

1° Humidité atmosphérique .	Humide.
2° Exposition	Indifférent.
3° Zones d'altitudes	Moyennes altitudes.

C. — Tempérament

1° Rusticité du sujet	Essence rustique.
2° Eclairement	
3° Couvert	Assez épais.

D. — Caractères spécifiques

1° Enracinement	Pivotant.
2° Croissance	Assez rapide.
3° Floraison	Mars.
4° Fructification	Septembre.
5° Longévité	Vit assez longtemps.

E. — Allures forestières

1° Taille et port	Arbre atteignant 12 à 15 m. à tronc droit, houppier bien fourni.
2° Aptitude au mélange	Vient en mélange avec toutes essences très fréquent.

Aspect et usages. — Bois moyennement dense (0,700), aubier et cœur non différenciés, rosé ou rougeâtre suivant variétés, demi dur, grain assez fin, résistant assez longtemps aux insectes et aux intempéries, facile à travailler. Bois d'industrie ordinaire, caisseries, tonnellerie industrielle, étais de mines.

NGHIẾN

Nom commercial de l'essence forestière	NGHIÊN.
Prononciation	*N'ghiène.*
Genre et famille. — Nom de l'espèce ou des espèces botaniques	PENTACE TONKINENSIS (*Tiliacées*).
Synonymie locale	Kiêng. Giên (Thô). *Kiengue. Ziène.*

I. — Caractères généraux.

Arbre de très grande taille atteignant 25 et 30 m. sous branches sur 1 m. de diamètre, empattement très prononcé, tronc très droit cylindrique, écorce grise à contexture feuilletée s'enlevant par plaquettes, épaisse de 1 cm. Essence à croissance lente se rencontrant surtout en terrains calcaires, et en particulier dans les régions de Cai-kinh, Caobang, Thai-nguyen au Tonkin et dans la Chaîne annamitique du Nord-Annam.

ASPECT ET USAGES. — Bois très dense (1.200 environ) et très dur, aubier très mince, cœur brun, rougeâtre, à grain très fin et très serré. Résistant indéfiniment aux insectes et aux intempéries. Se travaille bien, se scie dans tous les sens. Bois de charpente, menuiserie, tour sculpture, pièces de frottement, instruments aratoires, traverses de chemin de fer inusables.

PHAY

Nom commercial de l'essence forestière	Phay.
Prononciation	*Faille.*
Genre et famille. — Nom de l'espèce ou des espèces botaniques	SARCOCEPHALUS (*Rubiacées*).

I. Caractères généraux.

Arbre atteignant 12 m. sous branches sur 0 m. 60 de diamètre, à tronc droit cylindrique, empattement prononcé, écorce rugueuse grise faisant écouler un peu de latex par incision, disséminé dans les forêts de la moyenne région en terrain humide. Essence à croissance rapide.

II. Fiche floristique.

Voir *Flore de l'Indochine*, par H. Lecomte, tome III, fascicule 1, page 28

III. Fiche écologique.

A. — Habitat .... Toukin.

1° Nature du sol	Tous terrains de montagnes sauf sablonneux.
2° Humidité du sol	Frais.
3° Profondeur	Assez profonds.

B. — Station

1° Humidité atmosphérique.	Humide.
2° Exposition	Indifférent.
3° Zones d'altitudes	Moyennes altitudes.

C. — TEMPÉRAMENT

1° Rusticité du sujet	Essence exigeante.
2° Eclairement	Essence d'ombre.
3° Couvert	Assez épais.

D. — CARACTÈRES SPÉCIFIQUES

1° Enracinement	Pivotant.
2° Croissance	Assez rapide.
3° Tendances envahissantes..	Juillet-août.
4° Fructification	Septembre-octobre.
5° Longévité	Assez longévif.
6° Qualité et défauts particuliers	Rejette de souche.

E. — ALLURES FORESTIÈRES

1° Taille et port	Arbre de taille moyenne atteignant 15 à 20 m., houppier ample, conique, bien fourni.
2° Aptitude au mélange	En mélange avec toutes les essences.
3° Tendances envahissantes..	Non.

ASPECT ET USAGES. — Bois léger (0,45) demi dur, aubier et cœur non différenciés, jaunâtre ou gris, fibreux à grain grossier. Ne résiste pas longtemps aux insectes et aux intempéries. Facile à travailler. Bois d'industrie ordinaire et de caissage, étais de mine.

XXIII — RÀNG RÀNG

Nom commercial de l'essence forestière	*Rang-Rang.*
Prononciation	*Jangue Jangue.*
Genre et famille. — Nom de l'espèce ou des espèces botaniques	SPATHOLOBUS. sp (*Lég. Papil.*).
Diverses variétés	Ràng ràng mật, ràng ràng đá ;

I. Caractères généraux.

Arbre atteignant 12 m. sous branches sur 0 m. 50 de diamètre à tronc très droit, cylindrique très régulier, écorce grisâtre ou marron clair. Très disséminée, abondant dans les forêts de moyennes altitudes. Essence à croissance rapide.

III. Fiche écologique.

A. — Habitat	Tonkin et Nord-Annam.
1° Nature du sol	Tous terrains fertiles.
2° Humidité du sol	Assez humide.
3° Profondeur	Assez profonds.
B. — Station	
1° Humidité atmosphérique.	Humide.
2° Exposition	Indifférent.
3° Zones d'altitudes	Moyennes altitudes.
C. — Tempérament	
1° Rusticité du sujet	Essence délicate
2° Eclairement	Essence de lumière, réclamant un abri relevé dans son jeune âge
3° Couvert	Assez épais.

D. — Caractères spécifiques

1° Enracinement	Pivotant.
2° Croissance	Rapide.
3° Tendances envahissantes .	Avril.
4° Fructification	Août.
5° Longévité	Assez longévif.
6° Qualité ou défauts particuliers	Rejette de souche.

E. — Allures forestières

1° Taille et port	Arbre de 15 à 18 m., houppier étalé, tronc très droit.
2° Aptitude au mélange	En mélange avec toutes essences.
3° Tendances envahissantes..	Pas envahissant.
4° Traitements appropriés ..	Taillis (bois de feu) et futaie jardinée.

Aspect et usages. — Bois peu dense, peu dur, aubier et cœur non différenciés, bois blanc, jaunâtre, peu résistant, facile à travailler. Bois d'industrie ordinaire, caissage, tonnellerie industrielle.

RÈ

Nom commercial de l'essence forestière	Rè.
Prononciation	Zè.
Genre et famille. — Nom de l'espèce ou des espèces botaniques	CINNAMOMUM (*Lauracées*).
Synonymie locale	Rè do, rè mịt, rè mít, rè hương. *Ze do, Ze meutte, Ze mitte, Ze huongue.*

I. — Caractères généraux.

Arbre atteignant 15 m. sous branches sur 0 m. 60 de diamètre, à tronc droit cylindrique, empattement faible, écorce grise, rugueuse, aromatique. Essence à croissance assez rapide disséminée dans les forêts de moyennes altitudes.

II. — Fiche floristique.

Voir *Flore de l'Indochine*, par H. Lecomte, tome V, fascicule II, page 110.

III. — Fiche écologique.

A. — Habitat	Tonkin et Nord-Annam.
1° Nature du sol	Sols argilo-sableux, rocailleux.
2° Humidité du sol	Humides.
3° Profondeur	Profonds.
4° Sous-sol	Argile.
B. — Station	
1° Humidité atmosphérique.	Humide.
2° Exposition	Indifférent.
3° Zones d'altitudes	Moyennes altitudes.

C. — Tempérament

1° Rusticité du sujet	Essence exigeante.
2° Eclairement	Réclame un couvert pendant son jeune âge.
3° Couvert	Léger.

D. — Caractères spécifiques

1° Enracinement	Pivotant.
2° Croissance	Assez rapide.
3° Floraison	Mai.
4° Fructification	Septembre-octobre.
5° Longévité	Assez longévif.

E. — Allures forestières

1° Taille et port	Arbre atteignant 30 m. à tronc droit, houppier en dôme assez fourni.
2° Aptitude au mélange	Disséminé en mélange avec toutes essences.
3° Traitements appropriés ..	Futaie jardinée.

Aspect et usages. — Bois peu dense (0,660), tendre, aubier et cœur non différenciés, blanc, rosé, à grain fin, légèrement aromatique, résiste aux insectes, mais non aux intempéries, facile à travailler. Bois de charpente et menuiserie intérieure, meubles ordinaires, caissage.

XXIV — SANG ĐAO

Nom commercial de l'essence forestière .... SANG ĐAO.

Prononciation .... *Sangue Dao.*

Genre et famille. — Nom de l'espèce ou des espèces botaniques .... HOPEA FERREA (*Diptérocarpées*).

Synonymie locale .... Meang ou Roteang (Cambodge) : *Meangue* ou *Rotéangue.*

I. Caractères généraux.

Arbre atteignant 20 m. sous branches, à tronc droit cylindrique, à empattement très prononcé, écorce grise, tachée de vert, fibreuse. Essences à croissance assez rapide ; se trouvent par groupes.

II. Fiche floristique.

Voir *Flore de l'Indochine*, par H. LECOMTE, tome I, page 371.

III. Fiche écologique.

A. HABITAT .... Sud-Indochinois.

1° Nature du sol .... Terrains rocheux argileux, argilo-sableux ou alluvionnaires, forêts inondées du Cambodge.

2° Humidité du sol .... Assez frais.

3° Profondeur .... Profond.

4° Sous-sol .... Assez profond.

B. — Station

1° Humidité atmosphérique.	Humide.
2° Exposition	
3° Zones d'altitudes	Moyennes et basses altitudes.

C. — Tempérament

1° Rusticité du sujet	Essence assez exigeante.
2° Eclairement	Essence de lumière.
3° Couvert	Assez épais.

D. — Caractères spécifiques

1° Enracinement	Mixte.
2° Croissance	Assez rapide.
3° Floraison	Janvier-avril.
4° Fructification	Juillet-septembre.
5° Longévité	Moyenne.
6° Qualité ou défauts particuliers	Rejette de souche.

E. — Allures forestières

1° Taille et port	Arbre atteignant 30 m. et plus, assez souvent tordu, houppier peu garni.
2° Aptitude au mélange	Vient en mélange avec toutes escences ou forme de petits groupes.
3° Tendances envahissantes..	Non envahissant.
4° Traitements appropriés ..	Futaie jardinée.

Aspect et usages. — Bois dense (1.000) dur, à aubier grisâtre, peu épais, cœur jaunâtre à veines noirâtres. Bois résistant aux intempéries, aux insectes et même aux tarets si l'on a pris la précaution de l'immerger pendant un an ou deux avant de l'employer ; se travaille assez bien, prend bien le poli. Bois de service et de construction, courbes et bordages de barques, quelquefois utilisé en ébénisteries.

SAO

Nom commercial de l'essence forestière	SAO.
Prononciation	*Sao.*
Genre et famille. — Nom de l'espèce ou des espèces botaniques	HOPEA ODORATA Roxb. ET DIVERS (*Diptérocarpées*).
Synonymie locale	Koki (Cambodge), May-Khen (Laos) ; (*Koki*) (*Maille khênne*).
Diverses variétés	Sao bă mía, sao vanh, sao đen, sao cát.

I. Caractères généraux.

Grands arbres atteignant 35 m. de haut avec 20 à 25 m. de fût et un diamètre de 0 m. 90 à 1 m. à tronc cylindrique, droit, régulier (à part le Sao cat), à empattement peu prononcé, écorce peu épaisse, lisse fibreuse, rappelant l'écorce de bouleau ; assez abondant dans les forêts du Sud ; se trouvent généralement groupés.

II. Fiche floristique.

Voir *Flore de l'Indochine*, par H. LECOMTE, tome I, page 373.

III. Fiche écologique.

A. — HABITAT	Sud-Indochinois.
1° Nature du sol	Terrains légers et fertiles, terres rouges.
2° Humidité du sol	Frais.
3° Profondeur	Profonds.
B. — STATION	
1° Humidité atmosphérique.	Humide.
2° Exposition	Indifférent.
3° Zones d'altitudes	Moyennes et basses altitudes.
C. — TEMPÉRAMENT	
1° Rusticité du sujet	Essence assez exigeante.
2° Eclairement	Essence de lumière.
3° Couvert	Moyennement épais.

D. — Caractères spécifiques

1° Enracinement	Pivotant.
2° Croissance	Rapide.
	Février-avril.
4° Fructification	Mai-juillet.
5° Longévité	Très longévif.

E. — Allures forestières

1° Taille et port	Tronc très droit, arbre atteignant 35 mètres, houppier en dôme pas très fourni.
2° Aptitude au mélange	Vient en mélange mais forme souvent des peuplements purs.
3° Tendances envahissantes..	Assez envahissante sur sol frais.
4° Traitements appropriés ..	Futaie jardinée.

IV. — Fiche technologique (*Sao*).

A. — Caractères physiques :

1° *Dureté et densité.* — Bois mi-dur et mi-lourd pouvant remplacer le chêne par la qualité de son bois et la multiplicité de ses emplois.

Dureté			4.4
Cote de dureté	$\frac{N}{D^2}$	=	7.8
Poids spécifique à 15 % d'eau	D	=	0.75
Hygroscopicité à l'air	d	=	0.0041

2° *Rétractibilité.* — Bois à retrait faible pouvant être utilisé aussi bien comme bois rond que débité sous quelque forme que ce soit. Bien que moyennement nerveux il est très recherché par la batellerie car outre ses qualités remarquables de flexibilité et d'élasticité, il a une excellente tenue à l'humidité.

Retrait	R	=	8.1
Coefficient de rétractibilité	V	=	0.45
Point de saturation à l'air	S	=	18

B. — CARACTÈRES MÉCANIQUES :

1° *Compression axiale.* — Classé dans la catégorie supérieure des feuillus mi lourds pour sa résistance à la compression.

Résistance par c. m. q. à la compression. $C = 562$

Cote statique .... $\frac{C}{100\ D} = 7.5$

Cote spécifique .... $\frac{C}{100\ D^2} = 10$

Tenue à l'humidité .... $c = 5$

2° *Flexion statique.* — Bois flexible, moyennement tenace et élastique.

Cote de flexion .... $\frac{F}{100\ D} = 20.2$

Cote de tenacité .... $\frac{F}{C} = 2.7$

Cote de raideur .... $\frac{L}{f} = 22$

3° *Résistance au choc.* — Moyennement résilient, ce bois est recherché pour les emplois mobiles.

Cote dynamique .... $\frac{k}{D^2} = 1.08$

4° *Cohésion transversale :*

Fendage. — Moyennement fissile ...... $\frac{Fend}{100\ D} = 0.22$

5° *Traction perpendiculaire :*

L'adhésion des fibres. — Moyenne ...... $\frac{Trac}{100\ D} = 0.40$

C. — ASPECT ET USAGES. — Bois assez dense, assez dur, aubier grisâtre, inutilisable, épais chez les jeunes sujets, mince et finissant par disparaître chez les vieux arbres. Cœur brun ou jaune verdâtre suivant variétés. Résistant bien aux intempéries et aux insectes, sauf aux tarets. Facile à travailler. Bois très recherché pour de multiples usages. Employé dans la grande charpente, la batellerie, la menuiserie, l'ébénisterie, la carrosserie, traverses de chemin de fer, etc...

SẾN

Nom commercial de l'essence forestière	SẾN.
Prononciation	*Sène !*
Genre et famille. — Nom de l'espèce ou des espèces botaniques	BASSIA PASQUIERI (*Sapotacées*).
Synonymie locale	Lẫu (Tho).
	Lenon.
Diverses variétés	Sến mật, Sến rựa, Sến đỏ.

I. — Caractères généraux.

Arbre atteignant 15 m. sous branches, à tronc cylindrique très droit, sans contreforts, ni cannelures, écorce grisâtre, rugueuse, tourmentée, lactescente, essence à croissance lente disséminée en forêt dense. Peu abondant.

II. — Fiche floristique.

Voir *Bois de l'Indochine*, par H. LECOMTE, page 197.

III. — Fiche écologique.

A. — HABITAT	Nord de l'Indochine.
1° Nature du sol	Sols calcaires, rocailleux, arides.
2° Humidité du sol	Assez humide.
3° Profondeur	Assez profond.
4° Sous-sol	Indifférent.
B. — STATION	
1° Humidité atmosphérique.	Assez humide.
2° Exposition	Indifférent.
	Altitudes moyennes.

C. — Tempérament

1° Rusticité du sujet	Essence rustique.
2° Eclairement	Essence de lumière, réclame un abri dans le jeune âge.
3° Couvert	Couvert assez épais.

D. — Caractères spécifiques

1° Enracinement	Souvent pivotant.
2° Croissance	Lente.
3° Floraison	Mai-juin.
4° Fructification	Octobre-novembre (à 15 ans).
5° Longévité	Très longévif.

Aspect et usages. — Bois dense (0,950 à 1,000) dur (un des 4 bois de fer des indigènes), à aubier rosé, mince, à cœur rouge, grain très fin et uni, résistant indéfiniment aux insectes et aux intempéries. Facile à travailler. Bois de service et de construction, vaut le lim et peut le remplacer dans tous les usages. Les graines de Sèn fournissent une huile utilisée par les indigènes pour l'alimentation et l'éclairage.

SO'N

Nom commercial de l'essence forestière ...	Son.
Prononciation ...	*Seune.*
Genre et famille. — Nom de l'espèce ou des espèces botaniques ...	MELANORRHEA LACCIFERA (*Anacardiacées*).
Synonymie locale ...	Kroeul (Cambodge), may năm kiêng (Laos) ; *(kreulle)*, *(Maille namme kiaing).*

I. — Caractères généraux.

Arbre atteignant 15 m. sous branches sur 0 m. 35 à 0 m. 40 de diamètre ,tronc souvent tordu, creux chez les sujets âgés, contreforts de 0.80 de haut et de 0.40 de large, écorce épaisse, brunâtre, craquelée secrétant un latex en petite quantité. Essence très disséminée, peu abondante, se rencontre en forêt claire par sujets isolés.

II. Fiche floristique.

Voir *Flore de l'Indochine*, par H. Lecomte, tome II, page 25.

III. Fiche écologique.

A. — Habitat	Sud de l'Indochine et Centre-Annam.
1° Nature du sol ...	Terrains siliceux.
2° Humidité du sol ...	Secs ou peu frais.
3° Profondeur ...	Moyennement profonds.
4° Sous-sol ...	Compact, dur, parfois sur un sous-sol calcaire.
B. — Station	
1° Humidité atmosphérique.	Humide.
2° Exposition ...	Indifférent.
3° Zones d'altitudes ...	Moyennes et basses altitudes.

C. — TEMPÉRAMENT

1° Rusticité du sujet	Essence rustique.
2° Eclairement	Essence de lumière, mais supportant un couvert relevé dans sa jeunesse.
3° Couvert	Assez épais.

D. — CARACTÈRES SPÉCIFIQUES

1° Enracinement	Pivotant.
2° Croissance	Lente.
	Novembre à janvier.
4° Fructification	Janvier à avril.
5° Longévité	Très longévif.
6° Qualité et défauts particuliers	Tronc souvent creux.

E. — ALLURES FORESTIÈRES

1° Taille et port	Arbre atteignant 20 à 25 mètres, à tronc souvent tordu, houppier assez fourni, branches maîtresses très fortes.
2° Aptitude au mélange	Très disséminée, isolée ou en forêt claire.
3° Tendances envahissantes..	Non.
4° Traitements appropriés ..	Futaie jardinée.

IV. — Fiche technologique *Sou*.

A. — CARACTÈRES PHYSIQUES :

1° *Dureté et densité* : Bois mi dur et très lourd

Dureté			5,7
Cote de dureté	$\frac{N}{D^2}$	=	5,8
Poids spécifique à 15 % d'eau	D	=	1
Hygroscopicité à l'air	d	=	0,0076

2° *Rétractibilité.* — De faible rétractibilité et peu nerveux il fournit un excellent bois de menuiserie de luxe et d'ébénisterie. Doit se dérouler très bien.

Retrait	B	=	6.6 %
Coefficient de rétractibilité	V	=	0.23
Point de saturation à l'air	S	=	29 %

B. — Caractères mécaniques :

1° *Compression axiale.* — Classé dans la catégorie supérieure des bois très lourds.

Résistance par c. m. q. à la compression	C	=	6.69 kg.
Cote statique	$\frac{C}{100\,D}$	=	4.9
Cote spécifique	$\frac{C}{100\,D^2}$	=	4.9
Tenue à l'humidité	c	=	4

2° *Flexion statique.* Bois moyennement flexible très tenace.

Cote de flexion	$\frac{F}{100\,D}$	=	15.3
Cote de tenacité	$\frac{F}{C}$	=	3.1
Cote de raideur	$\frac{L}{f}$	=	43

3° *Résistance au choc.* — Bois cassant.

Cote dynamique	$\frac{k}{D^2}$	=	0.2

4° *Cohésion transversale :*

Fendage. — Très faible	$\frac{Fend}{100\,D}$	=	0.12

5° *Traction perpendiculaire :*

L'adhésion des fibres faible	$\frac{Trac}{100\,D}$	=	0.19

C. — Aspect et usages. — Aubier épais gris, rosé, cœur rouge intense à grain très fin, résistant aux insectes, non aux intempéries, cassant, prenant bien le poli. Se travaille cependant assez bien, se tourne et se sculpte. Bois de menuiserie et d'ébénisterie de luxe.

Le latex fourni par le Son est la meilleure laque du pays.

XXV — TÁU

Nom commercial de l'essence forestière	TAU.
Prononciation	*Taou*
Genre et famille. — Nom de l'espèce ou des espèces botaniques	VATICA SINAPTEA, TONKINENSIS (*Diptérocarpées*).
Synonymie locale	Khảo bôc (Tho) ; *Kh'ao boque.*
Diverses variétés	Táu mật, Táu muối.

I. — Caractères généraux.

Grand arbre atteignant 20 m. sous branches et 1 m. de diamètre, tronc très droit, cylindrique régulier, empattement faible, écorce brune granitée, mince. Se rencontre disséminée ou par petits groupes. Essence à croissance lente.

II. — Fiche floristique.

Voir *Flore de l'Indochine*, par H. LECOMTE, tome I, page 389.

III. — Fiche écologique.

A. — HABITAT

1° Nature du sol	Nord de l'Indochine.
2° Humidité du sol	Terrains argileux, argilo-sableux, rocheux, pentes des montagnes.
3° Profondeur	Frais.
4° Sous-sol	Assez profond.

B. — STATION

1° Humidité atmosphérique .	Humide.
2° Exposition	Indifférent.
3° Zones d'altitudes	Hautes et moyennes altitudes.

C. — Tempérament

1° Rusticité du sujet	Essence rustique.
2° Eclairement	Essence de lumière, exigeant un abri relevé dans sa jeunesse.
3° Couvert	Couvert clair.

D. — Caractères spécifiques

3° Couvert	Pivotant.
1° Enracinement	Lente.
2° Croissance	Avril.
4° Fructification	Octobre.
5° Longévité	Très longévif.

E. — Allures forestières

1° Taille et port	Arbre atteignant 25 à 30 mètres, très droit, houppier assez garni.
2° Aptitude au mélange	Vient en mélange avec toutes essences en forêt claire, quelquefois en bouquets.
3° Tendances envahissantes..	Pas envahissant.
4° Traitements appropriés ..	Futaie jardinée.

Aspect et usages. — Bois dense (0,900) dur, aubier mince, grisâtre, cœur marron clair, se fonçant, à grain très fin, se fendille en surface s'il est exposé au soleil. Résistant aux insectes et aux intempéries, se travaillant bien, prenant un beau poli, très estimé. Bois de service et de construction, batellerie, tour.

TECK

Nom commercial de l'essence forestière	Teck.
Prononciation	*Tec.*
Genre et famille. — Nom de l'espèce ou des espèces botaniques	TECTONA GRANDIS (*Verbénacées*).
Synonymie locale	Gia thi (Annam), sac (Laos) ; *Ja Thi. Saque.*
Diverses variétés	Sac khi wài, Sac kheng, Sac luông.

I. — Caractères généraux.

Arbre atteignant 25 à 30 m. sous branches, à tronc cylindrique, empattement fort se prolongeant en contreforts hauts de 2, 3 m. mais peu larges, écorce grise, rugueuse cotelée, assez épaisse, croissance rapide pendant le jeune âge, essence se trouvant aux hautes altitudes, en peuplements purs ou en mélange avec des diptérocarpées et des bambous.

II. — Fiche floristique.

Voir *Bois de l'Indochine*, par H. Lecomte, page 199.

III. — Fiche technologique (*Teck*).

A. — Caractères physiques :

1° *Dureté et densité* : Bois léger et tendre

Dureté			2.9
Cote de dureté	$\frac{N}{D^2}$	=	7.8
Poids spécifique à 15 % d'eau	D	=	0.62
Hygroscopicité à l'air	d	=	0.0041

2° *Rétractibilité.* — Bois peu nerveux, à retrait très faible, qui a une excellente tenue à l'humidité : d'où ses emplois en constructions navales.

Retrait	R	=	7.2
Coefficient de rétractibilité	V	=	0.34
Point de saturation à l'air	S	=	24

B. — Caractères mécaniques :

1° *Compression axiale.* — Bois classé dans la catégorie supérieure des feuillus tendres pour sa résistance à la compression axiale.

Résistance par c. m. q. à la compression.	C	= 528
Cote statique	$\frac{C}{100\ D}$	= 8.5
Cote spécifique	$\frac{C}{100\ D^2}$	= 13.5
Tenue à l'humidité	e	= 5.5

2° *Flexion statique.* — Bois plutôt flexible, assez élastique et de tenacité moyenne.

Cote de flexion	$\frac{F}{100\ D}$	= 19.2
Cote de tenacité	$\frac{F}{C}$	= 2.3
Cote de raideur	$\frac{L}{f}$	= 31

3° *Résistance au choc* n'est pas résilient.

Cote dynamique	$\frac{k}{D^2}$	= 0.60

4° *Cohésion transversale :*

Fendage fissilité moyenne	$\frac{Fend}{100\ D}$	= 0.25

5° *Traction perpendiculaire :*

L'adhésion des fibres est moyenne	$\frac{Trac}{100\ D}$	= 0.37

C. — Aspect et usages. — Bois moyennement dense (0.800) demi-dur, aubier blanchâtre, cœur jaunâtre, brunissant rapidement, à grain fin, contient une huile qui en assure la conservation. Résiste aux insectes et aux intempéries. Bois de charpente, construction navale wagons.

TRÂC

Nom commercial de l'essence forestière .... TRAC.

Prononciation .... *Tchac* ou *Trac.*

Genre et famille. — Nom de l'espèce ou des espèces botaniques .... DALBERGIA COCHINCHINENSIS (*Légum. Papilionacées*).

Synonymie locale .... Kranhung (Cambodge), Khayung (Laos) ; *Kragnoungue*, *Khayoungue.*

Diverses variétés .... Trác bông, trác den, trac vàng, trác trăng.

I. — Caractères généraux.

Arbre atteignant 15 m. sous branches sur 0,80 de diamètre, tronc cylindrique, empattement assez fort, écorce grise peu épaisse, lisse, fibreuse. Essence très disséminée, à croissance très lente.

II. — Fiche floristique.

Voir *Flore de l'Indochine*, par H. LECOMTE, tome II, page 482.

III. — Fiche écologique.

A. — HABITAT .... Sud de l'Indochine.

1° Nature du sol .... Terrain silicieux et argilosilicieux, assez fertiles.
2° Humidité du sol .... Humides.
3° Profondeur .... Profonds.
4° Sous-sol .... Indifférent.

B. — STATION

1° Humidité atmosphérique. Humide.
2° Exposition .... Indifférent.
3° Zones d'altitudes .... Moyennes et hautes altitudes.

C. — Tempérament

1° Rusticité du sujet	Essence rustique.
2° Eclairement	Réclame un couvert pendant le jeune âge.
3° Couvert	Assez épais.

1° Enracinement	Pivotant.
2° Croissance	Lente.
3° Floraison	Mai à juillet.
4° Fructification	Août à novembre.
5° Longévité	Très longévif.

E. — Allures forestières

1° Taille et port	Arbre à tronc droit atteignant 25 m. houppier assez fourni.
2° Aptitude au mélange	Très disséminé, en mélange avec toutes essences.
3° Tendances envahissantes..	Pas envahissant.
4° Traitements appropriés ..	Futaie jardinée.

IV. — Fiche technologique (*Trac*).

A. — Caractères physiques :

1° *Dureté et densité.* — Bois très dur et très dense.

Dureté			15.9
Cote de dureté	$\frac{N}{D^2}$	=	14.2
Poids spécifique à 15 % d'eau	D	=	1.09
Hygroscopicité à l'air	d	=	0.0060

2° *Rétractibilité.* — Retrait faible : bois apte au déroulage. Bien que moyennement nerveux ses qualités esthétiques le font rechercher pour la menuiserie fine et l'ébénisterie. Excellente tenue à l'humidité car son point de saturation est très bas

Retrait	B	=	7.1
Coefficient de rétractibilité	V	=	0.43
Point de saturation à l'air	S	=	16 %.

B. — CARACTÈRES MÉCANIQUES :

1° *Compression axiale.* — Classé dans la catégorie supérieure des feuillus très durs pour sa résistance à la compression axiale.

Résistance par c. m. q. à la compression.	C =	931
Cote statique	$\frac{C}{100\,D}$ =	8.8
Cote spécifique	$\frac{C}{100\,D^2}$ =	8.4
Tenue à l'humidité	c =	1.5

2° *Flexion statique* flexible, assez tenace et assez élastique.

Cote de flexion	$\frac{F}{100\,D}$ =	21.2
Cote de tenacité	$\frac{F}{C}$ =	2.4
Cote de raideur	$\frac{L}{f}$ =	34

3° *Résistance au choc.* — Bois plutôt cassant.

Cote dynamique	$\frac{k}{D^2}$ =	0.58

4° *Cohésion transversale :*

Fendage très fissile	$\frac{Fend}{100\,D}$ =	0.18

5° *Traction perpendiculaire :*

L'adhésion des fibres moyenne	$\frac{Trac}{100\,D}$ =	0.31

C. — ASPECT ET USAGES. — Bois à aubier grisâtre, épais, à cœur rouge ou noir suivant variétés, à grain fin, se travaillant bien, résistant aux insectes, imputrescible à part le trac trang. Bois de menuiserie, ébénisterie de luxe, sculpture, tour, très estimé, devient rare.

TRAI LÝ

Nom commercial de l'essence forestière	*Trai Ly.*
Prononciation	*Tiaille Li.*
Genre et famille. — Nom de l'espèce ou des espèces botaniques	GARCINIA FAGRAEOIDES (*Guttifères*).
Synonymie locale	Ly (Tho), Lay (Laos) ; *Li, Laille.*

I. — Caractères généraux.

Grand arbre atteignant 20 m. sous branches sur 1 m. de diamètre, tronc cylindrique, droit à empattement puissant, écorce grisâtre brune, épaisse à latex jaune. Essence à croissance lente affectionnant particulièrement les terrains calcaires ; vient en mélange avec le nghiên.

II. — Fiche écologique.

A. — HABITAT ..... Nord de l'Indochine.

1° Nature du sol	Sols calcaires et argilo-calcaires.
2° Humidité du sol	Arides.
3° Profondeur	Peu profonds.
4° Sous-sol	Rocheux ou calcaires.

B. — STATION

1° Humidité atmosphéique...	Humide.
2° Exposition	Indifférent.
3° Zones d'altitudes	Jusqu'à 1.200 mètres, se trouve presque toujours sur les sommets.

1° Rusticité du sujet	Essence rustique.
2° Eclairement	Essence de lumière.
3° Couvert	Assez épais.

D. — CARACTÈRES SPÉCIFIQUES

1° Enracinement	Traçant, très puissant.
2° Croissance	Lente.
	Mars-avril.
4° Fructification	Août-septembre.
5° Longévité	Très longévif.
6° Qualité et défauts particuliers	Souvent fourchu notamment les sujets poussant isolés.

E. — ALLURES FORESTIÈRES

1° Taille et port	Tronc très droit, arbre atteignant 30 metres, houppier en dôme très fourni.
2° Aptitude au mélange	Vient en mélange avec toutes essences, notamment avec le Nghiên.
3° Tendances envahissantes..	Non envahissant.
4° Traitements appropriés ..	Futaie jardinée.

ASPECT ET USAGES. — Bois très dense (1.000) très dur, aubier très mince, jaune, pâle, cœur jaune vif à grain très fin, homogène a l'aspect du buis, imputrescible, résiste aux insectes, difficile à travailler, bois de service et de construction, tour et sculpture.

TRÀM

Nom commercial de l'essence forestière	TRAM.
Prononciation	*Trame.*
Genre et famille. — Nom de l'espèce ou des espèces botaniques	MELALEUCA LEUCADENDRON (*Myrtacées*).
Synonymie locale	Smach (Cambodge). *Smack.*

I. — Caractères généraux.

Arbre atteignant 15 à 20 m. de haut sur 0.30 à 0.40 de diamètre, tronc cylindrique, très droit, empattement faible, écorce s'exfoliant en lamelles minces. Essence à croissance rapide, se trouve en peuplements purs.

II. — Fiche floristique.

Voir *Flore de l'Indochine*, par H. LECOMTE, tome II, page 791.

III. — Fiche écologique.

A. — HABITAT	Toute l'Indochine, mais particulièrement dans l'arrière mangrove. Répandu dans tous terrains, n'atteint les dimensions ci-dessus que dans les vases de l'arrière mangrove du Sud de l'Indochine.
1° Nature du sol	
2° Humidité du sol	
3° Profondeur	
B. — STATION	
1° Humidité atmosphérique.	Humide.
2° Exposition	Indifférent.
3° Zones d'altitudes	Basses.
C. — TEMPÉRAMENT	
1° Rusticité du sujet	Rustique.
2° Eclairement	Essence de lumière.
3° Couvert	Léger.

D. — Caractères spécifiques

1° Enracinement	Mixte, mais à pivot peu dominant.
2° Croissance	Très rapide.
3° Longévité	Peu longévif.
4° Qualité ou défauts particuliers	Fructification très abondante à partir de 7 ans.

E. — Allures forestières

1° Taille et port	Arbre de 20 m. à tronc droit, houppier en dessus peu fourni.
2° Aptitude au mélange	Peuplements purs, denses.
3° Tendances envahissantes..	Essence envahissante.
4° Traitements appropriés ..	Futaie.

Aspect et usages. — Bois assez dense (0,850) dur, aubier et cœur très peu différenciés gris rosé, compact, se travaillant assez bien. Est utilisé comme pieux et colonnes de maison. L'écorce est employée pour le calfatage des barques.

TRÒ

Nom commercial de l'essence forestière	TRO.
Prononciation	*Tcho.*
Genre et famille. — Nom de l'espèce ou des espèces botaniques	DIPTEROCARPUS TONKINENSIS, PARASHOREA STELLATA (*Diptérocarpées*).
Synonymie locale	Trò-chí (Tho), Hao (Sonla) Sampear (Cambodge) ; *Tcho-tchi, Hao, Sampir.*
Diverses variétés	Trò chí, trò nên, trò núi, trò vây.

I. — Caractères généraux.

Arbre généralement de très grande taille atteignant 30 m. sous branches et 1 m. 50 de diamètre, tronc cylindrique, empattement faible, écorce grise tachée de noir, épaisse, profondément craquelée. Essence à croissance assez rapide, se rencontre aux moyennes et hautes altitudes forme souvent des groupes purs.

II. — Fiche écologique.

A. — HABITAT	Nord de l'Indochine.
1° Nature du sol	Terrains argileux, argilo-rocheux, pentes abruptes et montagnes.
2° Humidité du sol	Frais.
3° Profondeur	Assez profonds.
B. — STATION	
1° Humidité atmosphérique.	Humide.
2° Exposition	Indifférent.
3° Zones d'altitudes	Hautes et moyennes altitudes.
C. — TEMPÉRAMENT	
1° Rusticité du sujet	Essence rustique.
2° Eclairement	Essence de lumière.
3° Couvert	Moyen.

D. — CARACTÈRES SPÉCIFIQUES

1° Enracinement	Pivotant.
2° Croissance	Assez rapide.
	Mai-juin.
4° Fructification	Juillet-septembre.
5° Longévité	Très longévif.
6° Qualité et défauts particuliers	Le Trò rejette bien de souche.

E. — ALLURES FORESTIÈRES

1° Taille et port	Grand et bel arbre atteignant 30-45 mètres à tronc droit, houppier très haut et assez fourni.
2° Aptitude au mélange	Vient en mélange avec toutes les essences quelquefois en bouquets, purs, forme toujours étage dominant.
3° Tendances envahissantes..	Très fréquent dans son habitat.
4° Traitements appropriés ..	Futaie jardinée.

III. — Fiche technologique (*Trò*).

A. — CARACTÈRES PHYSIQUES :

1° *Dureté et densité* : Bois mi dur et mi lourd.

Dureté		4.1
Cote de dureté	$\frac{N}{D^2}$	6,2
Poids spécifique à 15 % d'eau	D	0.78
Hygroscopicité à l'air	d	0.0028

2° *Rétractibilité.* — Bois très nerveux et à fort retrait, à débiter sur mailles le plus rapidement possible. Son point de saturation bas indique une bonne tenue à l'humidité.

Retrait	B	17.2
Coefficient de rétractibilité	V	0.65
Point de saturation à l'air	S	26

B. — Caractères mécaniques :

1° *Compression axiale.* — Bois classé dans la catégorie supérieure des feuillus mi-durs pour sa résistance à la compression axiale.

Résistance par c. m. q. à la compression.	C		646
Cote statique	$\frac{C}{100\,D}$	=	8
Cote spécifique	$\frac{C}{100\,D^2}$	=	9.9
Tenue à l'humidité	e	=	4

2° *Flexion statique.* — Assez tenace et assez flexible, la cote de raideur moyenne indique un bon bois de charpente.

Cote de flexion	$\frac{F}{100\,D}$		17.8
Cote de tenacité	$\frac{F}{C}$	=	2.2
Cote de raideur	$\frac{L}{f}$	=	30

3° *Résistance au choc.* — Bois assez résilient, peut être employé pour la carrosserie ou la construction de wagons.

Cote dynamique	$\frac{k}{D^2}$		0.85

4° *Cohésion transversale :*

Fendage fissilité. — Moyenne	$\frac{Fend}{100\,D}$	=	0.23

5° *Traction perpendiculaire :*

L'adhésion des fibres. Moyenne	$\frac{Trac}{100\,D}$		0.39

C. — Aspect et usages. — Aubier épais, grisâtre, fibreux, cœur rougeâtre, donne de grandes pièces fibreuses mais faciles à travailler ; résistant dans l'eau douce, attaqué par les insectes à sec. Bois de charpente et construction, batellerie de rivière.

XXVI VẠNG

Nom commercial de l'essence forestière	VANG.
Prononciation	*Vangue.*
Genre et famille. — Nom de l'espèce ou des espèces botaniques	MALLOTUS COCHINCHINENSIS (*Euphorbiacées*).

I. — Caractères généraux.

Arbre atteignant 10 mètres sous-branches et 0 m. 50 de diamètre, à tronc cylindrique très droit, empattement prononcé, écorce jaunâtre, épaisse, rugueuse ; essence à croissance rapide, se trouvant disséminée dans toutes les forêts de la moyenne région du Tonkin et du Nord-Annam.

II. — Fiche floristique.

Voir *Flore de l'Indochine*, par H. LECOMTE, tome V, fascicule 4, page 355.

III. — Fiche écologique.

A. — HABITAT	Nord de l'Indochine.
1° Nature du sol	Tous sols.
2° Humidité du sol	Humides.
3° Profondeur	Assez profonds.
B. — STATION	
4° Sous-sol	Humide.
1° Humidité atmosphérique.	Indifférent.
2° Exposition	Moyennes altitudes.
C. — TEMPÉRAMENT	
1° Rusticité du sujet	Rustique.
2° Eclairement	Supportant un couvert.
3° Couvert	Couvert assez épais.

D. — CARACTÈRES SPÉCIFIQUES

1° Enracinement	Mixte.
2° Croissance	Rapide. Peu longévif.

E. — ALLURES FORESTIÈRES

1° Taille et port	Arbre court (12 à 15 m.) à tronc trapu, droit, houppier assez lourd.
2° Aptitude au mélange	Vient en mélange avec toutes essences.

ASPECT ET USAGES. — Bois léger, (0.450) tendre, aubier et cœur non différenciés, jaune clair à grain grossier, se travaillant bien, se sciant et se déroulant facilement. Bois de caissage, tonnellerie industrielle, boîtes d'allumettes.

VÁP

Nom commercial de l'essence forestière	VAP.
Prononciation	*Vape.*
Genre et famille. — Nom de l'espèce ou des espèces botaniques	MESUA FERREA L. *(Guttifères)*
Synonymie locale	Bosneak (k) ; *(Bosneak).*

I. — Caractères généraux.

Arbre atteignant 30 m. de haut et 0 m. 50 de diamètre, à tronc droit cylindrique régulier, empattement peu prononcé, écorce épaisse de 1 cm grise, rugueuse, fendillée. Essence à croissance lente, très disséminée.

II. — Fiche floristique.

Voir *Flore de l'Indochine*, par H. Lecomte, tome I, page 328.

A. — Habitat

1° Nature du sol	Sud de l'Indochine.
2° Humidité du sol	Argileux, argilo-sableux, fertile.
3° Profondeur	Humides.

B. — Station

1° Humidité atmosphérique.	Profonds.
2° Exposition	Humide.
3° Zones d'altitudes	Indifférent.

C. — Tempérament

1° Rusticité du sujet	Moyennes altitudes.
2° Eclairement	Essence exigeante.
3° Couvert	Essence de lumière à couvert épais

D. — Caractères spécifiques

1° Enracinement	Pivotant.
2° Croissance	Assez rapide les premières années, très lente ensuite.

IV. — Fiche technologique *Vap.*

A. — Caractères physiques :

1° *Dureté et densité* : Bois très dur et très lourd.

Dureté		13.8
Cote de dureté	$\frac{N}{D^2}$ =	11.6
Poids spécifique à 15 % d'eau	D =	1.07
Hygroscopicité à l'air	d =	0.0035

2° *Rétractibilité.* — Bois nerveux à débiter sur mailles. Sa forte rétractibilité et les difficultés qu'il offre au sciage le rendent inapte à la menuiserie.

Retrait	B =	19
Coefficient de rétractibilité	V =	0.67
Point de saturation à l'air	S =	28

B. — Caractères mécaniques :

1° *Compression axiale.* — Bois classé dans la catégorie supérieure des feuillus très durs pour sa résistance à la compression.

Résistance par c. m. q. à la compression.	C =	864
Cote statique	$\frac{C}{100\ D}$ =	8.1
Cote spécifique	$\frac{C}{100\ D^2}$ =	7.4
Tenue à l'humidité	c =	7

2° *Flexion statique.* — D'une tenacité moyenne, il est assez flexible.

Cote de flexion	$\frac{F}{100\ D}$ =	16.8
Cote de tenacité	$\frac{F}{C}$ =	2.1
Cote de raideur	$\frac{L}{f}$ =	36

3° *Résistance au choc.* — Ce bois résiste convenablement aux chocs quoique sa forte densité le fasse ranger dans la catégorie des bois cassants.

Cote dynamique	$\frac{k}{D^2}$	0.42

4° *Cohésion transversale :*

Fendage fissilité. — Moyenne	$\frac{Fend}{100\ D}$	0.21

5° *Traction perpendiculaire :*

L'adhésion des fibres. — Moyenne	$\frac{Trac}{100\ D}$	0.37

C. — Aspect et usages. — Aubier grisâtre, dur, assez épais, s'incorporant au bois de cœur chez les sujets âgés ; cœur de couleur rouge à grain fin, homogène, résistant bien aux intempéries, en terre et dans l'eau douce, résistant aux insectes mais pas aux tarets. Très difficile à scier. Bois utilisé pour appontement, traverses de chemins de fer, colonnes de maisons, charronnages pièces de machine, tour.

VÊN VÊN

Nom commercial de l'essence forestière	VÊN VÊN.
Prononciation	*Vaine Vaine.*
Genre et famille. — Nom de l'espèce ou des espèces botaniques	ANISOPTERA COCHINCHINENSIS (*Pierre*) ET DIVERS (*Diptérocarpées*).
Synonymie locale	Phdiec (Cambodge), Bac (Laos) ; *Fdièque* (*baque*).
Diverses variétés	Vên vên xanh, vên vên trắng ;

I. — Caractères généraux.

Grand arbre atteignant 25 m. sous branches et 1 m. de diamètre, tronc droit, cylindrique, empattement très prononcé, écorce grise, épaisse, rugueuse, fendillée. Essence à croissance rapide se rencontrant par groupes, assez fréquent.

II. — Fiche floristique.

Voir *Flore de l'Indochine*, par H. LECOMTE, tome I, page 367.

III. — Fiche écologique.

A. — HABITAT	Sud-Indochinois.
1° Nature du sol	Tous terrains siliceux et argilo-siliceux.
2° Humidité du sol	Frais.
3° Profondeur	Assez profond.
4° Sous sol	Meuble.
B. — STATION	
1° Rusticité du sujet	Humide.
2° Exposition	Indifférent.
3° Zones d'altitudes	Moyennes et basses altitudes.

C. — TEMPÉRAMENT

	Rustique.
2° Eclairement	Essence de lumière.
3° Couvert	Moyennement épais.

D. — CARACTÈRES SPÉCIFIQUES

1° Enracinement	Puissant souvent pivotant.
2° Croissance	Assez rapide.
3° Floraison	Décembre à mars.
4° Fructification	Mars à juin.
5° Longévité	Très longévif.
6° Qualité et défauts particuliers	Rejette abondamment lorsqu'il est jeune. Arbre généralement sain même chez les sujets âgés.

E. — ALLURES FORESTIÈRES

1° Taille et port	Grand arbre atteignant 35 mètres, tronc droit, houppier assez fourni.
2° Aptitude au mélange	Vient en mélange avec toutes essences.
3° Tendances envahissantes..	Assez envahissant.
4° Traitements appropriés ..	Futaie jardinée.

IV. **Fiche technologique** (*en ven*).

A. — CARACTÈRES PHYSIQUES :

1° *Dureté et densité* : Bois tendre et mi lourd.

Dureté			1.9
Cote de dureté	$\frac{N}{D^2}$		3.9
Poids spécifique à 15 % d'eau	D	=	0.71
Hygroscopicité à l'air	d	=	0.0025

2° *Rétractibilité.* — Bois à fort retrait, à débiter sur mailles. Bien que nerveux il est recherché pour la charpente et la construction.

Retrait	B		18.2
Coefficient de rétractibilité	V	=	0.64
Point de saturation à l'air	S	=	28

B. — Caractères mécaniques :

1° *Compression axiale.* — Classé dans la catégorie moyenne des feuillus mi-lourds pour sa résistance à la compression axiale.

Résistance par c. m. q. à la compression.	C	= 534
Cote statique	$\frac{C}{100\,D}$	= 7.3
Cote spécifique	$\frac{C}{100\,D^2}$	10.1
Tenue à l'humidité	c	= 5

2° *Flexion statique.* — Bois assez flexible et élastique.

Cote de flexion	$\frac{F}{100\,D}$	= 15.7
Cote de tenacité	$\frac{F}{C}$	= 2.1
Cote de raideur	$\frac{L}{f}$	22

3° *Résistance au choc.* — Résistant bien aux chocs, ce bois pourra être utilisé pour les emplois mobiles et en particulier pour la carrosserie et la batellerie.

Cote dynamique	$\frac{K}{D^2}$	1.12

4° *Cohésion transversale :*

Fendage assez fissile	$\frac{Fend}{100\,D}$	= 0.23

5° *Traction perpendiculaire :*

L'adhésion des fibres. — Moyenne	$\frac{Trac}{100\,D}$	0.37

C. — Aspect et usages. — Aubier et cœur peu différenciés, jaunâtres ou verdâtres suivant variétés, bois à fibres longues vaisseaux larges, résistant assez longtemps à tous les agents destructeurs. Se travaillant facilement. Bois de charpente et de construction, batellerie, carrosserie, ébenisterie ordinaire ; estimé.

Secrète avec abondance une résine blanchâtre de la nature des damars dont le goût et l'odeur sont très acres. De là, vient sans doute la faculté du bois de se conserver très longtemps enterré et sous l'eau. Cette résine entre dans la composition d'un enduit protecteur pour les bois tendres.

XXVII. — XÊN

Nom commercial de l'essence forestière	Xên.
Prononciation	*Sênne.*
Genre et famille. — Nom de l'espèce ou des espèces botaniques	SHOREA COCHINCHINENSIS (Pierre) ET DIVERS (*Diptérocarpées*).
Synonymie locale	Popel (K.), Kha nhom (L.) ; *Popel Kha gnomme.*
Diverses variétés	Xên núi, xên trò chai, xên đỏ, xên cát.

I. Caractères généraux.

Arbre atteignant 20 m. sous branches sur 0 m. 50 de diamètre, tronc cylindrique, généralement droit et quelquefois courbe et tourmenté, empattement très prononcé, écorce très épaisse, très rugueuse, rougeâtre, fendillée. Essence disséminée, assez répandue.

II. Fiche floristique.

Voir *Flore de l'Indochine*, par H. Lecomte, tome I, page 381.

III. Fiche écologique.

A. Habitat .... Sud de l'Indochine.

1. Nature du sol	Tous terrains fertiles, le long des arroyos sur les pentes abruptes.
2. Humidité du sol	Humides ou frais.
3. Profondeur	Assez profonds.

B. Station.

1. Humidité atmosphérique.	Humide.
2. Exposition	Indifférent.
3. Zones d'altitudes	Moyennes et hautes altitudes.

C. — Tempérament

1° Rusticité du sujet	Assez exigeante.
2° Eclairement	Essence de lumière.
3° Couvert	Moyennement épais.

D. — Caractères spécifiques

1° Enracinement	Mixte, puissant.
2° Croissance	Assez rapide.
5° Longévité	Assez grande.
6° Qualité et défauts particuliers	Rejette de souche.

E. — Allures forestières

1° Taille et port	Grand arbre atteignant 25 m. généralement droit, houppier bien fourni.
2° Aptitude au mélange	Généralement disséminée, toujours dominante.
3° Traitements appropriés ..	Futaie.

IV. — Fiche technologique (*Xen*).

A. — Caractères physiques :

1° *Dureté et densité.* — Bois dur et demi-lourd.

Dureté			6.3
Cote de dureté	$\frac{N}{D^2}$		8.5
Poids spécifique à 15 % d'eau	D	=	0.77
Hygroscopicité à l'air	d	=	0.0043

2° *Rétractibilité.* — Bois à retrait moyen Moyennement nerveux il donne un excellent bois de service et de construction.

Retrait	B	=	11.7 %
Coefficient de rétractibilité	V	=	0.43 %
Point de saturation à l'air	S	=	27 %

B. — Caractères mécaniques :

1° *Compression axiale.* — Classé dans la catégorie supérieure des feuillus mi-lourds pour sa résistance à la compression.

Résistance par c. m. q. à la compression.	C	=	590 kg.
Cote statique	$\frac{C}{100\,D}$	=	7,7
Cote spécifique	$\frac{C}{100\,D^2}$	=	10,0
Tenue à l'humidité	e	=	2

2° *Flexion statique.* — Assez flexible, moyennement tenace et élastique.

Cote de flexion	$\frac{F}{100\,D}$	=	16,7
Cote de tenacité	$\frac{F}{C}$	=	2,2
Cote de raideur	$\frac{L}{f}$	=	41

3° *Résistance au choc.* — Résiste assez bien au choc, mais est nettement inférieur au Sao qu'il remplace assez souvent.

Cote dynamique	$\frac{k}{D^2}$	=	0,90

4° *Cohésion transversale :*

Fendage	$\frac{Fend}{100\,D}$	=	0,23

5° *Traction perpendiculaire :*

L'adhésion des fibres. — Moyenne	$\frac{Trac}{100\,D}$		0,35

C. — Aspect et usages. — Aubier épais, grisâtre, inutilisable, cœur jaune paille ou crème au moment de l'abatage, brunit en vieillissant, ressemble au bois de Sao, à grain fin, résiste assez longtemps aux insectes et aux intempéries. Se travaille bien. Employé concurremment avec le Sao pour les mêmes usages, lui est un peu inférieur (sauf au Sao cat).

Secrète une oléo-résine très estimée.

XOAN

Nom commercial de l'essence forestière .... Xoan (*Lilas du Japon*).

Prononciation .... Xoanne.

Genre et famille. — Nom de l'espèce ou des espèces botaniques .... MELIA AZEDARACH (*Méliacées*), ET DIVERS.

Synonymie locale .... Sàu-dâu (Cochinchine), hien (Sonla) ; *Saou daou*, *hiênne*.

Diverses variétés .... Xoan ta, Xoan trắng, Xoan nhà.

I. — Caractères généraux.

Arbre atteignant 12 à 15 mètres sous branches, à tronc cylindrique, empattement peu prononcé, à écorce marron foncé, lisse chez les jeunes sujets, réticulée chez les sujets adultes. Se rencontre dans toute l'Indochine, dans les deltas et dans la moyenne région, dans les terrains argileux, fertiles et humides. Est souvent cultivé. Ne se rencontre en forêt, qu'en bordure des massifs et à l'emplacement des rays. Espèce à croissance très rapide, produisant des graines dès l'âge de 5 ans, atteignant 30 à 35 cm. de diamètre en moins de 10 ans.

II. — Fiche floristique.

Voir *Flore de l'Indochine*, par H. Lecomte, tome I, page 728.

III. — Fiche écologique.

A. — Habitat .... Toute l'Indochine.

1° Nature du sol .... Argileux, argilo-sableux, fertile.
2° Humidité du sol .... Frais.
3° Profondeur .... Profonds.
4° Sous-sol .... Indifférent.

B. — Station

1° Humidité atmosphérique. Humide.
Indifférent.
3° Zones d'altitudes .... Moyennes et basses altitudes.

C. — Tempérament

1° Rusticité du sujet .... Exigeante.
2° Eclairement .... Essence de lumière.
3° Couvert .... Clair.

D. — Caractères spécifiques

1° Enracinement .... Pivotant.
2° Croissance .... Très rapide.
3° Floraison .... Avril.
3° Floraison .... Août.
4° Fructification .... Peu longévif.
6° Qualité et défauts particuliers .... Rejette vigoureusement de souche.

E. — Allures forestières

1° Taille et port .... Arbre à tronc droit atteignant 15 m., houppier dressé peu fourni.
2° Aptitude au mélange .... Essence souvent cultivée, se rencontre isolée en forêt claire, en mélange avec toutes essences.
3° Tendances envahissantes.. Envahissant en terrains riches.

XOAN RỪNG

Nom commercial de l'essence forestière .... Xoan Rừng.
Prononciation .... *Shoanne zeungue.*
Genre et famille. — Nom de l'espèce ou des espèces botaniques .... SPONDIAS MANGIFERA (*Anacardiacées*).
Diverses variétés .... Lat xoan, Xoan nhu ou nhu xoan.

I. Caractères généraux.

Arbre atteignant 20 m., tronc de 15 m. sur 0,50 de diamètre, cylindrique, droit, empattement faible, écorce mince grise, fendillée en long ; essence à croissance rapide, se rencontre disséminée en forêt dense de la moyenne altitude.

II. Fiche floristique.

Voir *Flore de l'Indochine*, par H. Lecomte, tome II, page 28.

III. Fiche écologique.

A. — Habitat ... Nord de l'Indochine.

Argileux et argilo-siliceux.

2° Humidité du sol .... Variable.

2° Humidité du sol .... Assez profond.

B. — Station

1° Humidité atmosphérique... Humide.

2° Exposition .... Indifférent.

3° Zones d'altitudes .... Hautes et moyennes altitudes.

C. — Tempérament

1° Rusticité du sujet .... Rustique.

2° Eclairement .... Essence de lumière.

3° Couvert .... Assez épais.

D. — Caractères spécifiques

1° Enracinement .... Mixte.

2° Croissance .... Rapide.

3° Floraison .... Mars-avril.

4° Fructification ... . Septembre-octobre.

5° Longévité .... Grande.

E. — Allures forestières

1° Taille et port	Arbre atteignant 20 mètres, houppier large, moyennement fourni.
2° Aptitude au mélange	Généralement disséminé parmi les autres essences forestières.
	Futaie jardinée.

XOAN DÀO

Nom commercial de l'essence forestière	Xoan-Dao.
Prononciation	*Somme-daon.*
Genre et famille. — Nom de l'espèce ou des espèces botaniques	PYGEUM ARBOREUM (*Rosacées*).
Synonymie locale	Hieng (Tho). *Hiengne.*

I. Caractères généraux.

Arbre de taille moyenne atteignant 15 m. sous branches, tronc cylindrique, empattement peu accusé, écorce brune parsemée de lenticelles claires. Se rencontre au Tonkin et dans le Nord-Annam dans la moyenne région en terrain accidenté, en sols sablonneux, peu riches, dans les forêts peu denses.

Espèce à croissance assez rapide.

II. — Fiche écologique.

A. — Habitat .... Nord de l'Indochine.

1° Nature du sol .... Sols sablonneux siliceux peu riche.
2° Humidité du sol .... Peu humide ou aride.
3° Profondeur .... Profonds.
4° Sous-sol .... Indifférent.

B. — Station

1° Humidité atmosphérique. Humide.
2° Exposition .... Indifférent.
3° Zones d'altitudes .... Moyennes altitudes.

C. — Tempérament

1° Rusticité du sujet ...... Rustique.
2° Eclairement .... Essence de lumière.
3° Couvert .... Peu épais.

D. — Caractères spécifiques

1° Enracinement .... Mixte.
2° Croissance .... Rapide.
3° Floraison .... Mai.
4° Fructification .... Septembre.
5° Longévité .... Peu longévif.
6° Qualité et défauts particuliers .... Rejette de souche.

E. — Allures forestières

Arbre atteignant 20 m. à tronc droit, houppier peu fourni

En mélange.

3° Tendances envahissantes.. Pas envahissant.
4° Traitements appropriés .. Futaie jardinée.

III. — Fiche technologique *Xoan Đào*.

A. — Caractères physiques :

1° *Dureté et densité* : Bois léger et mi-dur.

Dureté			22
Cote de dureté	$\frac{N}{D^2}$	=	5.6
Poids spécifique à 15 % d'eau	D	=	0.63
Hygroscopicité à l'air	d	=	0.0030

2° *Rétractibilité*. — Bois moyennement nerveux et à rétractibilité moyenne.

Retrait	B	=	15.3 %
Coefficient de rétractibilité	V	=	0,53 %
Point et saturation à l'air	S	=	29 %

B. — Caractères mécaniques :

2° *Rétractibilité*. — Bois classé dans la catégorie supérieure des feuillus mi durs pour sa résistance à la compression.

Résistance par c. m. q. à la compression.	C	=	534 kg.
Cote statique	$\frac{C}{100\ D}$	=	9.1
Cote spécifique	$\frac{C}{100\ D^2}$	=	14.4
Tenue à l'humidité	c	=	4

2° *Flexion statique*. — Bois assez tenace, élastique et très flexible.

Cote de flexion	$\frac{F}{100\ D}$	=	21.1
Cote de tenacité	$\frac{F}{C}$	=	2.5

Cote de raideur .... $\frac{L}{f}$ = 22

3° *Résistance au choc.* — Résiste bien aux choes.

Cote dynamique .... $\frac{k}{D^2}$ = 1.28

4° *Cohésion transversale :*

Fendage peu fissile .... $\frac{Fend}{100\ D}$ = 0.32

5° *Traction perpendiculaire :*

L'adhésion des fibres forte .... $\frac{Trac}{100\ D}$ = 0.59

C. — Aspect et usages. — Aubier et cœur non différenciés de couleur rosée ou rose violacé ; se travaillant bien, aspect soyeux, grain assez fin. Ne résiste pas très longtemps aux insectes et aux intempéries. Bois de menuiserie, d'ébénisterie de 2e choix, de caisserie, aménagement intérieur des wagons.

XOAY

Nom commercial de l'essence forestière	Xoay.
Prononciation	*Xoaille.*
Genre et famille. — Nom de l'espèce ou des espèces botaniques	DIALIUM COCHINCHINENSE (*Légumineuses caesalpinées*).
Synonymie locale	Kralanh (Camb.), Mày kheng (L.), *Kralaque, Maille kh'ain.*

I. — Caractères généraux.

Arbre atteignant 15 m. sous branches sur 0 m. 70 de diamètre, à tronc droit, cylindrique, empattement peu prononcé, écorce épaisse, grise rugueuse ; essence à croissance très lente, disséminée.

II. — Fiche floristique.

Voir *Flore de l'Indochine* par H. Lecomte tome II page 205.

III. — Fiche technologique (*Xoay*).

A. — Caractères physiques : Bois très dur et très lourd.

Dureté		14.1
Cote de dureté	$\frac{N}{D^2}$	10.4
Poids spécifique à 15 % d'eau	D	1.08
Hygroscopicité à l'air	d	0.0072

2° *Rétractibilité.* — Bois peu nerveux à retrait moyen.

Retrait	B	13.1
Coefficient de rétractibilité	v	0.31
Point de saturation à l'air	S	= 43

B. — CARACTÈRES MÉCANIQUES :

1° *Compression axiale.* — Bois classé dans la catégorie supérieure des feuillus très durs pour sa résistance à la compression axiale.

Résistance par c. m. q. à la compression. C = 835 kg.

Cote statique .... $\frac{C}{100\ D}$ = 7.5

Cote spécifique .... $\frac{C}{100\ D^2}$ = 6.7

Tenue à l'humidité .... e =

2° *Flexion statique.* — Bois à cote de flexion moyenne, assez tenace et plutôt raide.

Cote de flexion .... $\frac{F}{100\ D}$ = 19.2

Cote de tenacité .... $\frac{F}{C}$ = 2.6

Cote de raideur .... $\frac{L}{f}$ = 41

3° *Résistance au choc.* — Résiste convenablement aux chocs quoique sa très grande densité le fasse classer dans la catégorie des bois cassants.

Cote dynamique .... $\frac{k}{D^2}$ = 0.6

4° *Cohésion transversale :*

Fendage .... $\frac{Fend}{100\ D}$ = 0.25

5° *Traction perpendiculaire :*

L'adhésion des fibres est moyenne ...... $\frac{Trac}{100\ D}$ = 0.33

C. — ASPECT ET USAGES. — Bois très dense (1,100) très dur, à aubier, grisâtre ou jaunâtre, peu épais, cœur rouge ou brun à grain très fin, très serré, résistant aux insectes et aux intempéries, même aux tarets. Très difficile à travailler. Bois utilisé pour le charronnage, pièce de mancheron (frottement et choc) manche d'outils.

Usages et répartition géographique.

USAGES ET RÉPARTITION GÉOGRAPHIQUE

I

1re Classe

Bois soumis a des efforts statiques

Emplois où le poids intervient.	Cote de flexion forte. Cote de raideur moyenne.	Charpentes :	1er *groupe.*
		Etais de mine :	2e *groupe.*
Emplois où le poids n'intervient pas.	Grande durabilité. Cote de raideur moyenne.	Menu service. Colonnes, poteaux télégraphiques, perches à poivrier, pilotis, pieux.	3e *groupe.*
	Résistance à l'usure et Régularité d'usure.	Pavages.	4e *groupe.*

Ier *Groupe.*

BOIS QUI ONT ÉTÉ SOUMIS À DES ESSAIS MÉCANIQUES

Bang lang. .	....	Annam	Cochinchine	Cambodge	Laos
Dầu. . . .	....	Sud-Annam	Cochinchine	Cambodge	Laos
Gie. . . .	Tonkin	Annam	....	....	Nord-Laos
Gụ. . . .	Tonkin	Nord-Annam	Cochinchine	Cambodge	....
Hoàng-linh .	Tonkin	Nord-Annam	....	....	....
Huỳnh. . .	....	Centre-Annam	Cochinchine	Cambodge	Laos
Lim. . . .	Est-Tonkin	Nord-Annam	....	....	....
Mỡ vàng tâm.	Tonkin	Annam	....	....	....
Sao. . . .	....	Sud-Annam	Cochinchine	Cambodge	Laos
Téck . .	....	....	....	....	Nord-Laos
Trò. . . .	Tonkin	Nord-Annam	....	....	....
Vên vên . .	....	Sud-Annam	Cochinchine	Cambodge	Nord-Laos
Xên. . . .	....	Sud-Annam	Cochinchine	Cambodge	Laos
Xoan . . .	Tonkin	Nord-Annam	....	....	Laos
Xoan đào. .	Tonkin	Nord-Annam	....	....	Laos

AUTRES BOIS QUI SONT D'UN USAGE COURANT

Bình linh. .	....	Sud-Annam	Cochinchine	Cambodge	....
Bời lời. .	....	Annam	Cochinchine	Cambodge	....
Cà-đao .	....	Sud-Annam	Cochinchine	Cambodge	....
Cà-ổi . .	Tonkin	Nord-Annam	....	Cambodge	Laos
Chai . . .	....	Sud-Annam	Cochinchine	Cambodge	Laos
Chò. . . .	....	Sud-Annam	Cochinchine	....	....
Chua . . .	Tonkin	Annam	....	....	....
Còng . . .	....	Annam	Cochinchine	Cambodge	....
Dà-đi . . .	....	....	Cochinchine	....	....
Kiền kiền.	....	Centre-Annam	....	....	....
Lau-tau . .	Tonkin	Annam	Cochinchine	Cambodge	....
Lim-xet . .	Tonkin	Annam	Cochinchine	Cambodge	....
Muồng. .	Tonkin	Annam	....	....	....
Nghiến . .	Haut-Tonkin	....	....	....	....
Pomou. . .	Haut-Tonkin	....	....	....	....
Rẻ	Tonkin	Annam	....	....	....
Sang-đào . .	....	Annam	Cochinchine	Cambodge	....
Tàu. . . .	Tonkin	Annam	....	....	....
Thông. . .	Tonkin	Annam	Cochinchine	Cambodge	Laos
Trai-lý. . .	Tonkin	Nord-Annam	....	....	....

2e *Groupe.*

BOIS QUI ONT ÉTÉ SOUMIS A DES ESSAIS MÉCANIQUES

Giẻ	Tonkin	Nord-Annam	....	....	Laos
Huỳnh . . .	....	Annam	Cochinchine	Cambodge	Laos
Xên	....	Sud-Annam	Cochinchine	Cambodge	Laos
Xoan . . .	Tonkin	Annam	....	....	....

AUTRES BOIS QUI SONT D'UN USAGE COURANT

Ba thưa . .	Tonkin	Annam	....	....	....
Bồ đề . . .	Tonkin	Nord-Annam	....	....	Laos
Bông bạc . .	Tonkin	....	....	....	....
Bộp	Tonkin	Nord-Annam	....	....	....
Cà-duối . .	....	Sud-Annam	Cochinchine	Cambodge	....
Cham . . .	Tonkin	Nord-Annam	....	....	....
Còe	....	....	Cochinchine	....	....
Dung . . .	Tonkin	Nord-Annam	....	....	....
Dương . . .	....	Annam	....	....	....
Dà	Tonkin	Annam	Cochinchine	Cambodge	....
Dáng Dinh. .	Tonkin	Annam	....	....	....
Đước . . .	Tonkin	Annam	Cochinchine	Cambodge	....
Gia	....	....	Cochinchine	....	....
Lai	Tonkin	Annam	....	....	....
Lautau . . .	Tonkin	Annam	Cochinchine	Cambodge	....
Lôm côm . .	Tonkin	Annam	....	....	....
Máu chó . .	Tonkin	Annam	Cochinchine	Cambodge	....
Muồng . . .	Tonkin	Annam	....	....	....
Phay . . .	Tonkin	....	....	....	....
Răng răng. .	Tonkin	Annam	....	....	....
Rọi	....	Annam	Cochinchine	Cambodge	....
Sang ma . .	Tonkin	Annam	Cochinchine	Cambodge	....
Sui	Tonkin	Nord-Annam	....	....	....
Tràm . . .	....	....	Cochinchine	Cambodge	....
Vang trứng .	....	....	Cochinchine	....	....
Vẹt	Tonkin	Annam	Cochinchine	Cambodge	....

3e *Groupe.*

BOIS QUI ONT ÉTÉ SOUMIS A DES ESSAIS MÉCANIQUES

Cachae. . .	....	Sud-Annam	Cochinchine	Cambodge	Laos
Cam-xe . .	....	Sud-Annam	Cochinchine	Cambodge	Laos
Dầu. . . .	....	Sud-Annam	Cochinchine	Cambodge	Laos
Giẻ	Tonkin	Annam	....	....	Laos
Lim. . . .	Tonkin	Nord-Annam	....	....	....
Vap	Tonkin	Nord-Annam	Cochinchine	Cambodge	....
oX. . . .	....	Sud-Annam	Cochinchine	Cambodge	Laos

AUTRES BOIS QUI SONT D'UN USAGE COURANT

Ca-[illegible] . .	....	Sud-Annam	Cochinchine	Cambodge	....
Darée . . .	Tonkin	Annam	Cochinchine	Cambodge	....
Lan-tàu .	Tonkin	Annam	Cochinchine	Cambodge	....
Tau . . .	Tonkin	Nord-Annam	....	....	....
Thông . .	Tonkin	Annam	Cochinchine	Cambodge	Laos
Trac . . .	....	....	Cochinchine	Cambodge	....
Tram . . .	....	....	Cochinchine	Cambodge	....
Viet . . .	....	....	Cochinchine	Cambodge	Laos
Noan-rang .	Tonkin	Nord-Annam	....	....	....

4° *Groupe.*

BOIS QUI ONT ÉTÉ SOUMIS A DES ESSAIS MÉCANIQUES

Cam-xe . .	....	Sud-Annam	Cochinchine	Cambodge	Laos
Gie	Tonkin	Annam	....	....	Laos
Hoang-linh .	Tonkin	Annam	....	....	....
Lim	Tonkin	Nord-Annam	....	....	....
Sao	....	Sud-Annam	Cochinchine	Cambodge	Laos
Vap . . .	....	Nord-Annam	Cochinchine	Cambodge	....
Xen . . .	....	Annam	Cochinchine	Cambodge	Laos

AUTRES BOIS QUI SONT D'UN USAGE COURANT

Lim-xet . .	Tonkin	Annam	Cochinchine	Cambodge	....
Pemou . . .	Haut-Tonkin	....	....	....	Laos
[illegible]	Tonkin	Nord-Annam	....	....	....
Thông . .	Tonkin	Annam	Cochinchine	Cambodge	Laos
Xoay . . .	....	....	Cochinchine	Cambodge	....

II

2e Classe

Bois non soumis a des efforts mécaniques

Bois peu nerveux, facile à travailler.	Qualités esthétiques .... Facilités de collage, vernissage, polissage		Menuiserie	5e groupe.
			Ebénisterie et Menuiserie fine ..	6e groupe.
			Marquetterie placage	7e groupe.
	Homogènes.	durables.	Sculpture	8e groupe.
		tendre.	Gravure	9e groupe.
		bon collage.	Modelage	10e groupe.
			Loupes	11e groupe.

5e Groupe.

Bois qui ont été soumis a des essais mécaniques

Dầu. . . .	....	Sud-Annam	Cochinchine	Cambodge	Laos
Giẻ. . . .	Tonkin	Annam	....	....	Laos
Gồi. . . .	Tonkin	Annam	Cochinchine	Cambodge	....
Hoàng linh .	Tonkin	Nord-Annam	....	....	....
Hồ bì . . .	....	....	Cochinchine	Cambodge	....
Huynh. . .	....	Centre-Annam	Cochinchine	Cambodge	Laos
Lim. . . .	Tonkin	Nord-Annam	....	....	....
Mỡ vàng tâm	Tonkin	Annam	....	....	....
Sao. . . .	....	Sud-Annam	Cochinchine	Cambodge	Laos
Teck . . .	....	....	....	....	Nord-Laos
Vên vên . .	....	Sud-Annam	Cochinchine	Cambodge	Laos
Xoan . . .	Tonkin	Annam	Cochinchine	Cambodge	Laos

Autres bois qui sont d'un usage courant

Bời lời. . .	....	Annam	Cochinchine	Cambodge	....
Cà duối . .	....	Sud-Annam	Cochinchine	Cambodge	....
Cà ổi . .	Tonkin	Nord-Annam	....	Cambodge	Laos
Chàm . . .	Tonkin	Annam	....	....	....
Chẹo . . .	Tonkin	Annam	....	....	....
Chua . . .	Tonkin	Annam	....	....	....
Gáo. . . .	Tonkin	Sud-Annam	Cochinchine	Cambodge	....
Giổi . . .	Tonkin	Nord-Annam	....	....	....
Kiền kiền. .	....	Centre-Annam	....	....	....
Lát	Tonkin	Nord-Annam	....	....	....
Muồng. . .	Tonkin	Nord-Annam	....	....	....
Pemou. . .	Haut-Tonkin	....	....	....	....
Ba hương. .	Tonkin	Nord-Annam	....	....	....
Răng rang .	Tonkin	Annam	....	....	....
Re	Tonkin	Annam	....	....	....
Sao dầu .	....	Sud-Annam	Cochinchine	Cambodge	Laos
Sồi . . .	Tonkin	Nord-Annam	....	....	....
Táu. . . .	Tonkin	Annam	....	....	....
Thông. . .	Tonkin	Annam	Cochinchine	Cambodge	Laos
Trai-lý. . .	Tonkin	Nord-Annam	....	....	....
Vang . . .	Tonkin	....	....	....	....
Viết. . . .	....	Sud-Annam	Cochinchine	Cambodge	Laos
Xoan-mộc. .	Tonkin	Annam	Cochinchine	Cambodge	Laos
Xoan rừng .	Tonkin	Annam	Cochinchine	....	....

6e *Groupe.*

Bois qui ont été soumis a des essais mécaniques

Cẩm lai. . .	....	Sud-Annam	Cochinchine	Cambodge	....
Cẩm thị . .	....	Sud-Annam	Cochinchine	Cambodge	Laos
Cam-xe. . .	....	Sud-Annam	Cochinchine	Cambodge	Laos
Dáng hương .	....	Sud-Annam	Cochinchine	Cambodge	Laos
Gội	Tonkin	Annam	Cochinchine	Cambodge	Sud-Laos
Gụ	Tonkin	Annam	Cochinchine	Cambodge	Laos
Ho-bi . . .	....	....	Cochinchine	Cambodge	....
Lim. . . .	Tonkin	Nord-Annam	....	....	....
Mỡ vàng tâm.	Tonkin	Annam	....	....	....
Sơn. . . .	....	Sud-Annam	Cochinchine	Cambodge	....
Trắc. . . .	....	Annam	Cochinchine	Cambodge	Laos
Vấp . . .	....	Sud-Annam	Cochinchine	Cambodge	....
Vên vên . .	....	Sud-Annam	Cochinchine	Cambodge	Sud-Laos

Autres bois qui sont d'un usage courant

Bạch đường .	....	Sud-Annam	Cochinchine	Cambodge	Laos
Bình linh . .	....	Sud-Annam	Cochinchine	Cambodge	Laos
Cam liên . .	....	Sud-Annam	Cochinchine	Cambodge	....
Chò	....	Sud-Annam	Cochinchine	Cambodge	....
Dinh. . . .	Tonkin	....	....	....	....
Giỗi . . .	Tonkin	Annam	....	....	....
Huỳnh đường.	....	Sud-Annam	Cochinchine	....	....
Lát	Tonkin	Annam	....	....	....
Lông-mực. .	Tonkin	Annam	Cochinchine	....	....
Mun. . . .	Tonkin	Annam	Cochinchine	Cambodge	....
Nghiến. . .	Tonkin	....	....	....	....
Pemou. . .	Haut-Tonkin	....	....	....	....
Ra hương. .	Tonkin	Nord-Annam	....	....	....
Sang đào . .	....	Sud-Annam	Cochinchine	Cambodge	....
Sâu dau. . .	....	Sud-Annam	Cochinchine	Cambodge	....
Thị	Tonkin	Annam	Cochinchine	....	....
Trai-lý . . .	Tonkin	Nord-Annam	....	....	....
Xơm mộc	Tonkin	Annam	Cochinchine	Cambodge	....

7e Groupe.

BOIS QUI ONT ÉTÉ SOUMIS A DES ESSAIS MÉCANIQUES

[illegible]	....	Sud-Annam	Cochinchine	Cambodge	....
Cam tu	....	Sud-Annam	Cochinchine	Cambodge	Laos
Dang [illegible]	....	Sud-Annam	Cochinchine	Cambodge	Laos
Gôi	Tonkin	Annam	Cochinchine	Cambodge	Sud-Laos
G[illegible]	Tonkin	Annam	Cochinchine	Cambodge	Laos
Ho-bi	....	....	Cochinchine	Cambodge	....
Hu[illegible]	....	Centre-Annam	Cochinchine	Cambodge	Laos
Lim	Tonkin	Nord-Annam	....	....	....
S[illegible]	Tonkin	Sud-Annam	Cochinchine	Cambodge	Laos
T[illegible]	....	Annam	Cochinchine	Cambodge	Laos

AUTRES BOIS QUI SONT D'UN USAGE COURANT

[illegible]	Tonkin	Annam	Cochinchine	Cambodge	Laos
Cam [illegible]	....	Nord-Annam	Cochinchine	Cambodge	....
G[illegible]	Tonkin	Annam	....	....	....
Hu[illegible]	....	Annam	Cochinchine	Cambodge	....
Hu[illegible]	....	Annam	Cochinchine	Cambodge	....
[illegible]	Tonkin	Annam	....	....	....
L[illegible]	Tonkin	Annam	Cochinchine	Cambodge	....
M[illegible]	Tonkin	Annam	Cochinchine	Cambodge	Laos
M[illegible]	....	Annam	Cochinchine	Cambodge	....
R[illegible]	Tonkin	Sud-Annam	....	....	....
T[illegible]	Tonkin	Annam	Cochinchine	....	....

8e Groupe.

BOIS QUI ONT ÉTÉ SOUMIS A DES ESSAIS MÉCANIQUES

[illegible]	....	Annam	Cochinchine	Cambodge	Laos
[illegible]-lai	....	Sud-Annam	Cochinchine	Cambodge	....
Cam tu	....	Sud-Annam	Cochinchine	Cambodge	Laos
Dang [illegible]	....	Sud-Annam	Cochinchine	Cambodge	Laos
Gôi	Tonkin	Annam	Cochinchine	Cambodge	Sud-Laos
G[illegible]	Tonkin	Annam	Cochinchine	Cambodge	Laos
Ho[illegible]	....	....	Cochinchine	Cambodge	....
Hu[illegible]	....	Centre-Annam	Cochinchine	Cambodge	Laos
Lim	Tonkin	Nord-Annam	....	....	....
[illegible]	Tonkin	Nord-Annam	....	....	....
S[illegible]	....	Annam	Cochinchine	Cambodge	....
Tr[illegible]	Tonkin	Annam	Cochinchine	Cambodge	Laos

Autres bois qui sont d'un usage courant

Bạch dường .	....	Annam	Cochinchine	Cambodge	Laos
Cam liên . .	....	Sud-Annam	Cochinchine	Cambodge	Laos
Gáo. . . .	Tonkin	Sud-Annam	Cochinchine	Cambodge	Laos
Huỳnh-đường	....	Annam	Cochinchine	....	....
Lông-mực. .	Tonkin	Annam	Cochinchine	....	....
Mít	Tonkin	Annam	Cochinchine	Cambodge	Laos
Mun . . .	....	....	Cochinchine	Cambodge	....
Sến. . . .	Tonkin	Nord-Annam	....	....	Laos
Táu. . . .	Tonkin	Nord-Annam	....	....	....
Trai-Lý . .	Tonkin	Nord-Annam	....	....	Laos
Thị. . . .	Tonkin	Annam	Cochinchine	....	....

9° *Groupe.*

Bois qui ont été soumis à des essais mécaniques

Gụ	Tonkin	Annam	Cochinchine	Cambodge	Laos

Autres bois qui sont d'un usage courant

Lông mực. .	Tonkin	Annam	Cochinchine	Cambodge	....
Mít	Tonkin	Annam	Cochinchine	Cambodge	Laos
Sang trắng .	....	....	Cochinchine	....	....
Tau. . . .	Tonkin	Annam	....	....	....

10° *Groupe.*

Bois qui ont été soumis à des essais mécaniques

Bằng lăng. .	....	Annam	Cochinchine	Cambodge	Laos
Sao	....	Sud-Annam	Cochinchine	Cambodge	Laos

Autres bois qui sont d'un usage courant

Giổi . . .	Tonkin	Annam	....	....	....
Mít	Tonkin	Annam	Cochinchine	Cambodge	Laos
Tông . . .	Tonkin	Annam	Cochinchine	Cambodge	Laos

11e *Groupe.*

Bois qui ont été soumis à des essais mécaniques

Bằng lăng. .	....	Annam	Cochinchine	Cambodge	Laos
Dàng hương .	....	Sud-Annam	Cochinchine	Cambodge	Laos
Gụ	Tonkin	Annam	Cochinchine	Cambodge	Laos
Hồbi . . .	....	....	Cochinchine	Cambodge	....
Lim. . . .	Tonkin	Nord-Annam	....	....	....

Autres bois qui sont d'un usage courant

Huê mộc .	....	Sud-Annam	Cochinchine	Cambodge	....
Rẹ hương. .	Tonkin	Nord-Annam	....	....	....
Vàng . . .	....	Sud-Annam	Cochinchine	Cambodge	....

III

3e Classe.

BOIS SOUMIS A DES EFFORTS DYNAMIQUES, DOIVENT ÊTRE RESILIENTS

Grande durabilité.	Bonne tenue des tire-fonds.	Traverses de chemin de fer	12e groupe.
	Peu nerveux-Point de saturation bas	Batellerie	13e groupe.
Adhérents et peu fissiles.		Charronnage	14e groupe.
		Bois d'arsenaux .... Carrosserie wg.	15e groupe.
		Saboterie	16e groupe.
		Bois à brosse	17e groupe.
	Faible dureté supporte bien les clous	Caisserie	18e groupe.
	Très élastiques.	Bois de pelles fourches cercles	19e groupe.
	Cote de flexion forte	Bois cintrés	20e groupe.
	Bois très durs et très denses	Frottement et pièces de machine	21e groupe.
	Homogènes	Tournerie	22e groupe.
Bois fissiles.		Tonnellerie	23e groupe.
		Boissellerie	24e groupe.
		Résonance	25e groupe.
		Sciage pour tonnellerie industrielle	26e groupe.
	Tendre et peu nerveux.	Tranchage et déroulage ..	27e groupe.
Bois légers à fibres longues, pointues et légèrement épaissies.		Pâte à papier	28e groupe.

12ᵉ *Groupe.*

Bois qui ont été soumis à des essais mécaniques

Cam-xe. . .	....	Sud-Annam	Cochinchine	Cambodge	Laos
Gie	Tonkin	Annam	....	....	Laos
Lau tàu. . .	....	Sud-Annam	Cochinchine	Cambodge	....
Lim	Tonkin	Annam	....	....	....
Sao . . .	....	Sud-Annam	Cochinchine	Cambodge	Laos
Thông . . .	Tonkin	Annam	Cochinchine	Cambodge	Laos
Vap	....	....	Cochinchine	Cambodge	....

Autres bois qui sont d'un usage courant

Ca-chac. . .	....	Sud-Annam	Cochinchine	Cambodge	Laos
Da dá . . .	....	Sud-Annam	Cochinchine	Cambodge	....
Duöe . . .	Tonkin	Annam	Cochinchine	Cambodge	....
Nghiên . . .	Tonkin	....	....	....	....
Sen	Tonkin	Annam	....	....	Laos
Sôi . . .	Tonkin	Annam	....	....	Laos

13ᵉ *Groupe.*

Bois qui ont été soumis à des essais mécaniques

Bang lang . .	....	Annam	Cochinchine	Cambodge	Laos
Cam-xe. . .	....	Sud-Annam	Cochinchine	Cambodge	Laos
Dau	....	Sud-Annam	Cochinchine	Cambodge	Laos
Gie	Tonkin	Annam	....	....	Laos
Huynh . . .	....	Centre-Annam	Cochinchine	Cambodge	Laos
Lim . . .	Tonkin	Annam	....	....	....
Sao	....	Sud-Annam	Cochinchine	Cambodge	Laos
Teck. . . .	....	....	....	....	Nord-Laos
Vên vên . .	....	Sud-Annam	Cochinchine	Cambodge	Sud-Laos
Xen	....	Sud-Annam	Cochinchine	Cambodge	Laos
Xoan dao . .	Tonkin	Annam	....	....	Laos

Autres bois qui sont d'un usage courant

Ban-xe . .	Tonkin	....	....	....	....
Bôi-lôi . . .	....	Sud-Annam	Cochinchine	Cambodge	....
Ca-oi . . .	Tonkin	Annam	....	....	Laos
Chai . .	....	Sud-Annam	Cochinchine	Cambodge	....
Nghien. .	Tonkin	....	....	....	....
Sen . . .	Tonkin	Annam	....	....	Laos
Tâu. . . .	Tonkin	Annam	....	....	....
Trai-Ly. . .	Tonkin	Nord-Annam	....	....	Laos

14° *Groupe.*

Bois qui ont été soumis a des essais mécaniques

Bang-lang. .	....	Annam	Cochinchine	Cambodge	Laos
Cam-xe . .	....	Sud-Annam	Cochinchine	Cambodge	Laos
Gội	Tonkin	Annam	Cochinchine	Cambodge	....
Huỳnh. . .	Tonkin	Centre-Annam	Cochinchine	Cambodge	Laos
Lim. . . .	Tonkin	Annam	....	....	....

Autres bois qui sont d'un usage courant

Binh-linh. .	....	Sud-Annam	Cochinchine	Cambodge	Laos
Ca-chắc . .	....	Sud-Annam	Cochinchine	Cambodge	Laos
Cà-duôi . .	....	....	Cochinchine	Cambodge	....
Lim-xẹt . .	Tonkin	Annam	Cochinchine	Cambodge	....
Nghiền. . .	Tonkin	Annam	....	....	....
Sến	Tonkin	Annam	....	....	Laos
Táu. . . .	Tonkin	Annam	....	....	....
Trai-lý. . .	Tonkin	Nord-Annam	....	....	Laos
Xoay . . .	....	....	Cochinchine	Cambodge	....

15° *Groupe.*

Bois qui ont été soumis a des essais mécaniques

Bang-lang . .	....	Annam	Cochinchine	Cambodge	Laos
Dầu	....	Sud-Annam	Cochinchine	Cambodge	Laos
Gie	Tonkin	Annam	....	....	Laos
Gội	Tonkin	Annam	Cochinchine	Cambodge	....
Gụ	Tonkin	Annam	Cochinchine	Cambodge	Laos
Hồ bì .	....	....	Cochinchine	Cambodge	....
Huỳnh . .	....	Centre-Annam	Cochinchine	Cambodge	Laos
Lim . . .	Tonkin	Nord-Annam	....	....	....
Sao . . .	....	Sud-Annam	Cochinchine	Cambodge	Laos
Vap	....	....	Cochinchine	Cambodge	....
Vên vên. .	....	Sud-Annam	Cochinchine	Cambodge	Laos
Xến	....	Sud-Annam	Cochinchine	Cambodge	Laos
Xoan-dao . .	Tonkin	Annam	....	....	Laos

AUTRES BOIS QUI SONT D'UN USAGE COURANT

Ban-xe . . .	Tonkin	....	....	....	....
Binh-linh . .	....	Sud-Annam	Cochinchine	Cambodge	Laos
Bời-lời . . .	....	Sud-Annam	Cochinchine	Cambodge	....
Cà-duối . .	....	Sud-Annam	Cochinchine	Cambodge	Laos
Ca-ổi. . . .	Tonkin	Annam	....	....	Laos
Chò	....	Sud-Annam	Cochinchine	Cambodge	Laos
Lát	Tonkin	Annam	....	....	....
Nghiến . . .	Tonkin	....	....	....	....
Sến	Tonkin	Annam	....	....	Laos
Táu	Tonkin	Annam	....	....	....
Trai-lý . . .	Tonkin	Nord-Annam	....	....	Laos
Xoan-mộc . .	Tonkin	Annam	Cochinchine	Cambodge	....

16e *Groupe.*

BOIS QUI ONT ÉTÉ SOUMIS A DES ESSAIS MÉCANIQUES

Gụ	Tonkin	Annam	Cochinchine	Annam	....

AUTRES BOIS QUI SONT D'UN USAGE COURANT

Bồ-đề . .	Tonkin	Nord-Annam	....	....	Laos
Chẹo. . . .	Tonkin	Annam	....	....	Laos
Dâu-đất . . .	Tonkin	Annam	....	....	....
Quao. . . .	....	....	Cochinchine	Cambodge	....
Vang. . . .	Tonkin	....	....	....	....

17e *Groupe.*

BOIS QUI ONT ÉTÉ SOUMIS A DES ESSAIS MÉCANIQUES

Cam-lai. .	....	Sud-Annam	Cochinchine	Cambodge	....
Cẩm-thị. .	....	Sud-Annam	Cochinchine	Cambodge	Laos
Cam-xe. .	....	Sud-Annam	Cochinchine	Cambodge	Laos
Gội . . .	Tonkin	Annam	Cochinchine	Cambodge	....
Gụ . . .	Tonkin	Annam	Cochinchine	Cambodge	Laos
Trac. . .	....	Annam	Cochinchine	Cambodge	Laos

AUTRES BOIS QUI SONT D'UN USAGE COURANT

Cam-liên .	....	Sud-Annam	Cochinchine	Cambodge	....
Long-mức .	Tonkin	Annam	Cochinchine	Cambodge	....
Mít	Tonkin	Annam	Cochinchine	Cambodge	Laos
Mun. . .	....	....	Cochinchine	Cambodge	....
Ba-hương .	Tonkin	Annam	....	....	....

18e *Groupe.*

BOIS QUI ONT ÉTÉ SOUMIS A DES ESSAIS MÉCANIQUES

Dầu	...	Sud-Annam	Cochinchine	Cambodge	Laos
Mỏ vàng tâm .	Tonkin	Annam	...	...	...
Vên vên. . .	...	Sud-Annam	Cochinchine	Cambodge	Sud-Laos
Xoan. . . .	Tonkin	Annam	...	...	Laos

AUTRES BOIS QUI SONT D'UN USAGE COURANT

Bàng. . . .	...	Annam	Cochinchine	Cambodge	...
Bồ-đề . . .	Tonkin	Annam	...	...	Laos
Bời-lời . .	...	Annam	Cochinchine	Cambodge	...
Cam . .	...	Sud-Annam	Cochinchine	Cambodge	...
Chàm. . . .	Tonkin	Annam	Cochinchine	Cambodge	Laos
Chám. . . .	Tonkin	Annam	...	...	...
Chiêu-liêu . .	...	Sud-Annam	Cochinchine	Cambodge	Laos
Gáo . . .	...	Annam	Cochinchine	Cambodge	...
Gạo	Tonkin	Annam	Cochinchine	Cambodge	Laos
Giổi . . .	Tonkin	Annam	...	...	...
Máu chó .	Tonkin	Annam	Cochinchine	Cambodge	...
Muồng . .	Tonkin	Annam	...	...	...
Ngát . . .	Tonkin	Annam	...	...	...
Rạ hương .	Tonkin	Annam	...	...	...
Răng răng . .	Tonkin	Annam	...	...	...
Rè.	Tonkin	Annam	...	...	...
Sầu đâu. . .	...	Sud-Annam	Cochinchine	Cambodge	...
Sồi	Tonkin	Annam	...	...	Laos
Thông . .	Tonkin	Annam	Cochinchine	Cambodge	Laos
Tung. . . .	...	Sud-Annam	Cochinchine		...
Vang. . . .	Tonkin	...	...	...	...
Xoan mộc . .	Tonkin	Annam	Cochinchine		...

19e *Groupe.*

BOIS QUI ONT ÉTÉ SOUMIS A DES ESSAIS MÉCANIQUES

Bằng lăng .	...	Annam	Cochinchine	Cambodge	Laos
Sao	...	Sud-Annam	Cochinchine	Cambodge	Laos

AUTRES BOIS QUI SONT D'UN USAGE COURANT

Cà ổi. . . .	Tonkin	Annam	...	...	Laos
Chò	...	Sud-Annam	Cochinchine	Cambodge	...
Sang đào . .	...	Sud-Annam	Cochinchine	Cambodge	
Sồi	Tonkin	Annam	...	...	

20ᵉ Groupe.

BOIS QUI ONT ÉTÉ SOUMIS A DES ESSAIS MÉCANIQUES

Bang-lang . .	....	Annam	Cochinchine	Cambodge	Laos
Gie	Tonkin	Annam	....	Cambodge	Laos
Gioi	Tonkin	Annam	Cochinchine	Cambodge	....
Xen	....	Sud-Annam	Cochinchine	Cambodge	Laos

AUTRES BOIS QUI SONT D'UN USAGE COURANT

Cui	....	Sud-Annam	Cochinchine	Cambodge	....
Sang-dao . .	....	Sud-Annam	Cochinchine	Cambodge	....
Soi . . .	Tonkin	Annam	....	....	Laos
Viet . . .	....	Sud-Annam	Cochinchine	Cambodge	Laos

21ᵉ Groupe.

BOIS QUI ONT ÉTÉ SOUMIS A DES ESSAIS MÉCANIQUES

Ca-chac. . .	....	Sud-Annam	Cochinchine	Cambodge	Laos
Cam-xe . .	....	Sud-Annam	Cochinchine	Cambodge	Laos
De	Tonkin	Nord-Annam	Cochinchine	Cambodge	....

AUTRES BOIS QUI SONT D'UN USAGE COURANT

Nguien . .	Tonkin	....	....	....	....
Pau	Tonkin	Annam	....	....	....
Trai-ly . . .	Tonkin	Annam	....	....	Laos
Xoay. . . .	....	....	Cochinchine	Cambodge	....

22ᵉ Groupe.

BOIS QUI ONT ÉTÉ SOUMIS A DES ESSAIS MÉCANIQUES

Cam-lai. .	....	Sud-Annam	Cochinchine	Cambodge	....
Cam-thi. .	....	Sud-Annam	Cochinchine	Cambodge	Laos
Cam-xe. .	....	Sud-Annam	Cochinchine	Cambodge	Laos
Dàng-huong	....	Sud-Annam	Cochinchine	Cambodge	Laos
Goi . . .	Tonkin	Annam	Cochinchine	Cambodge	....
Gu . . .	Tonkin	Annam	Cochinchine	Cambodge	Laos
Hoho . . .	....	....	Cochinchine	Cambodge	....
Sao . . .	....	Sud-Annam	Cochinchine	Cambodge	Laos
Son . . .	....	Sud-Annam	Cochinchine	Cambodge	....
Trac . . .	....	Annam	Cochinchine	Cambodge	Laos

Autres bois qui sont d'un usage courant

Binh-linh .	....	....	Cochinchine	Cambodge	Laos
Cà-duối . .	....	Annam	Cochinchine	Cambodge	....
Đàng đề . .	....	Sud-Annam	Cochinchine	Cambodge	....
Gáo . . .	....	Sud-Annam	Cochinchine	Cambodge	....
Huỳnh-đường	....	Sud-Annam	Cochinchine	Cambodge	....
Lông-mực .	Tonkin	Annam	Cochinchine	Cambodge	....
Mít . . .	Tonkin	Annam	Cochinchine	Cambodge	Laos
Thị . . .	Tonkin	Annam	Cochinchine	....	....
Trai-Lý . .	Tonkin	Annam	....	....	Laos
Xoan-mộc .	Tonkin	Annam	Cochinchine	Cambodge	....

23° *Groupe.*

Bois qui ont été soumis a des essais mécaniques

Giẻ . . .	Tonkin	Annam	....	....	Laos

Autres bois qui sont d'un usage courant

Gaồi . . .	Tonkin	Annam	....	....	Laos
Đước . . .	Tonkin	Annam	Cochinchine	Cambodge	....
Sồi . . .	Tonkin	Annam	....	....	Laos

24° *Groupe.*

Bois qui ont été soumis a des essais mécaniques

Bằng lang .	....	Annam	Cochinchine	Cambodge	Laos
Sao . . .	....	Sud-Annam	Cochinchine	Cambodge	Laos
Xoan. . .	Tonkin	Annam	....	....	Laos

Autres bois qui sont d'un usage courant

Bồi lồi . .	....	Annam	Cochinchine	Cambodge	....
Đước. . .	Tonkin	Annam	Cochinchine	Cambodge	....
Mít. . . .	Tonkin	Annam	Cochinchine	Cambodge	Laos
Sồi. . . .	Tonkin	Annam	....	....	Laos

25° *Groupe.*

Bois qui ont été soumis a des essais mécaniques

Huỳnh . . .	....	Centre-Annam	Cochinchine	Cambodge	
Xoan. . . .	Tonkin	Annam	....	....	Laos

Autres bois qui sont d'un usage courant

Bời lời . . .	....	Annam	Cochinchine	Cambodge	....
Hậu phật . .	....	Sud-Annam	Cochinchine	Cambodge	....
Thôi. . . .	Tonkin	Annam	....	....	....
Vông. . . .	Tonkin	Annam	....	....	....
Xoan mộc . .	Tonkin	Annam	Cochinchine	Cambodge	....

26e *Groupe*

Bois qui ont été soumis a des essais mécaniques

Bằng lăng . .	....	Annam	Cochinchine	Cambodge	Laos
Gội	Tonkin	Annam	Cochinchine	Cambodge	....
Sao	....	Sud-Annam	Cochinchine	Cambodge	Laos

Autres bois qui sont d'un usage courant

Ba thưa. . .	Tonkin	Annam	....	....	....
Bình linh . .	....	Sud-Annam	Cochinchine	Cambodge	Laos
Bồ đề . . .	Tonkin	Annam	....	....	Laos
Bông nọc . .	Tonkin	....	....	....	....
Chò	....	Annam	Cochinchine	Cambodge	....
Còi	Tonkin	Annam	....	....	....
Cò ke . . .	....	....	Cochinchine	Cambodge	....
Giường . . .	Tonkin	Annam	....	....	....
Muồng . .	Tonkin	Annam	....	....	....
Rang rang .	Tonkin	Annam	....	....	....
Rồi	....	....	Cochinchine	Cambodge	....
Thôi. . . .	Tonkin	Annam	....	....	....
Trường. .	Tonkin	Annam	Cochinchine	Cambodge	....

27e *Groupe*.

Bois qui ont été soumis a des essais mécaniques

Bồ đề . . .	Tonkin	Annam	....	....	Laos
Mỡ vàng tâm .	Tonkin	Annam	....	....	....
Xoan. . . .	Tonkin	Annam	....	....	Laos

Autres bois qui sont d'un usage courant

Chàm . . .	Tonkin	Annam	....	....	....
Vang. . . .	Tonkin	....	....	....	....

28e *Groupe.*

Bois qui ont été soumis a des essais mécaniques

Bích. . . .	Tonkin	Annam	Cochinchine	Cambodge	Laos
Ba thưa. .	Tonkin	Annam	…	…	…
Bồ đề . . .	Tonkin	Annam	…	…	Laos
Chìm . . .	Tonkin	Annam	…	…	…
Gạo . . .	Tonkin	Annam	Cochinchine	Cambodge	Laos
Giầu	Tonkin	Annam	…	…	…
Giỏ	Tonkin	Annam	…	…	…
Giương. . .	Tonkin	Annam	…	…	…
Mỏ . . .	Tonkin	Annam	…	…	…
Sung. . . .	Tonkin	Annam	…	…	…
Thông . .	Tonkin	Annam	Cochinchine	Cambodge	Laos

Imprimerie d'Extrême-Orient, Hanoi. — 54389-1650.

www.ingramcontent.com/pod-product-compliance
Lightning Source LLC
LaVergne TN
LVHW011958220826
846092LV00001B/201

* 9 7 8 2 3 2 9 8 0 8 5 6 7 *